元认知
改变大脑的顽固思维

Brain Changer

How Harnessing Your Brain's Power to Adapt
Can Change Your Life

[美] 大卫·迪萨沃 著
（David DiSalvo）

陈舒 / 译

机械工业出版社
CHINA MACHINE PRESS

图书在版编目（CIP）数据

元认知：改变大脑的顽固思维 /（美）迪绍夫（DiSalvo, D.）著；陈舒译 . —北京：机械工业出版社，2014.9（2025.9 重印）

书名原文：Brain Changer: How Harnessing Your Brain's Power to Adapt Can Change Your Life

ISBN 978-7-111-48059-4

I. 元… II. ①迪… ②陈… III. 思维方法 – 通俗读物 IV. B804-49

中国版本图书馆 CIP 数据核字（2014）第 220172 号

北京市版权局著作权合同登记 图字：01-2014-0332 号。

元认知：改变大脑的顽固思维

出版发行：机械工业出版社（北京市西城区百万庄大街 22 号 邮政编码：100037）

责任编辑：方 琳

责任校对：董纪丽

印　　刷：北京机工印刷厂有限公司

版　　次：2025 年 9 月第 1 版第 22 次印刷

开　　本：147mm × 210mm　1/32

印　　张：7.625

书　　号：ISBN 978-7-111-48059-4

定　　价：59.00 元

客服电话：（010）88361066　68326294

序

所谓命运，实际上是由我们的性格造就的。倘若我们勇敢地去探寻性格影响命运的过程，就会发现性格其实能够改变，而命运就像我们手心中曲曲折折的掌纹，总在我们手中。

——安娜伊斯·宁

古代的印度教徒深信转世轮回之说，他们认为，真正的伟大并不是因为比他人优秀，而是比前一世的自己优秀。不过现代人对此表示不解，为什么要等一个轮回呢？我们恨不得立刻变得更好。在现代社会，人与人之间的关系变得日益紧张，我们摄取了过多的糖分，陷入没完没了的工作之中。正因为如此，我们希望改变，我们寻找着更加开阔的道路，想要成为谈话的焦点，想让话题更加丰富，我们不停地追求着快乐。用一句话来总

结，我们的目标就是，人生多些高潮，少些低谷，多些快乐，少些压力。

　　然而，问题在于我们不知道如何才能够达成这样宏伟的目标。许多自助哲学为我们提供了建议，但并不成功。我们可以很轻易地制定目标，但要实现它们却要花很大的力气。举一个我亲身经历的例子，某天下午，我在纽约一家瑜伽会所的咖啡厅里消磨时光，旁边坐着两位美女。她们身形苗条，浑身洋溢着热情的气息，午后的阳光照耀在她们的金发上，折射出迷人的光芒。乍看之下，她们似乎沉浸在瑜伽的启发之旅中，但是，她们的姿态和面部表情出卖了她们。其中的一个女孩控诉着她的男朋友，说他总是以旅行为借口欺骗她，旁边的女孩听着听着，也忍不住为她愤愤不平起来。她们俩你一言我一语，历数着男友的种种劣行，最后伤心不已，感叹遇人不淑。不得不说，她们的瑜伽练习算是做了无用功。（有研究证实，当女生们过度地讨论某一问题时，她们的皮质醇水平会突然上升，从心理学角度来说，那时，她们不断地感受着压力。）

那么，我们怎样才能停止这种自我破坏行为呢？答案是，我们要弄明白大脑是如何工作的。

"反馈"的概念最早来源于工业革命时期，当时的人们用"反馈"来描述复杂机械的调控机制（如果蒸汽机过热，就必须采用循环降温使它冷却下来）。但是这种表达在20世纪40年代才真正流行开来，当时的数学家诺伯特·维纳将"反馈"应用到所有的适应系统中，包括生物学、机械学、政治学以及社会学。在他的那本具有开创性的著作《人有人的用处》中，维纳写道：

反馈就像因果循环，种什么因，得什么果。这其中包括我们与他人的互动、自我对话，以及有意识思维和无意识思维之间的转换。这些转换有着共同的化学基础，即血清素、多巴胺、谷氨酸酯，这些化学成分的释放受到反馈回路的控制。

单就反馈本身而言，它不会自我提升（正如最近的研究证实的那样，我们总是深陷于一种灾难化的思维模式之中难以自拔。尤其是当反馈把我们带入一个毁灭性的套路中时，反馈的自省模式根本不起作用）。

本书的目标是一个以目标为导向的回路，本着获取对思维更有效监控的目的来考虑思维。怎样做到这点呢？就是把我们自身从问题、学习、自我更正中分离出来，最终适应。因为解决问题的关键是对思维过程的有意识监控，我们可利用的工具非常多，例如不断进步的行为研究、大脑扫描以及激素检测等，借助这些工具，研究者能够分辨出哪些手段可以有效地改变我们的思维。通过借鉴心理行为学和认知科学的相关研究，《元认知：改变大脑的顽固思维》介绍了一些扭转目标奖励中心、克服认知偏差的策略。实际上，我们要学着分辨哪些是我们的最有效点，哪些是我们的盲点。

B R A I N   C H A N G E R

　　本书的第二部分列出了一些改造大脑的自助性技巧，这些技巧都具有强制性，包括如何压过内心的杂音，培养内在的平静，与他人的思维同步以及提高我们的想象力。（这些都要花费很多工夫，想必没有一个人认为改造大脑是一件轻松的工作。）

　　这种加工能力令人震惊。想象一下如果自我意识能够在监控思维方式上做到更好，会发生什么？自我意识能够把个体的思维模式从悲观循环中拉出来，使之进入一个理想的轨道，进而适应，最后形成一个更灵活、更具韧性的自我。

珍娜·平克特

前 言

■反思

不要哭泣，不要放大愤怒。一切都会渐渐清晰。

——巴鲁赫·斯宾诺莎

最近几天清晨，迈克都感到有些头晕目眩，不过他并不在意，想着可能是感冒了。要知道，他是一个运动员，平时身体非常健康，轻微的头晕怎么可能影响到他。然而，情况很快发生了变化。一天中午，迈克正准备从沙发上起身，却惊恐地发现他几乎不能站立，一时失去平衡，差点儿摔在地上。可怕的事还在继续发生，快3点的时候，他感觉到右腿完全失去了知觉，很快这种麻木发展到了右臂。最后，迈克发现他根本不能动弹了。

迈克的妻子杰西卡迅速将他送到医院。他的弟弟接到消息后，先于他们到达了医院。在等待中，弟弟回忆起昨天的情景，他和迈克一起吃汉堡、踢足球，一整天迈克都是那样的精力充沛。在不到24小时的时间里，究竟发生了什么？还没等他想明白，他就看到了迈克，那一刻，一股巨大的恐惧感在他心中蔓延。迈克整个人仿佛冻住了一般，甚至没有办法张口说出一个完整的词。主治医生很快排除了煤气中毒、药物中毒以及被毒蛇咬噬等情况。

由于迈克的身体状况不容乐观，一位神经科医生对他进行了诊断，诊断后该医生告诉杰西卡和迈克的弟弟，迈克极有可能患的是脑部肿瘤，现在急需送往医疗设备更好的医院进行治疗。于是，一个半小时后，迈克被送进了另一家医院。在这里，神经科医生再次告诉杰西卡，从以往的经验来看，迈克恢复的可能性微乎其微，她必须做好最坏的打算。

这之后，多位神经科医生再次对迈克进行了会诊，其中一位认为是肿瘤，其余的人则并不肯定。因为核磁共振成像结果表明，迈克大脑的左半球存在异常，但不能确定是什么原因造成的。它可能是一个肿瘤，也可能是伤害引起的动脉瘤或者是感染淤积形成的另一种物质。不过，医生们一致认为，迈克必须立即接受脑部手术。

由于迈克的偏瘫进一步恶化，而目前除了核磁共振成像显示出一点问题，再无其他办法进行诊断和治疗，对于这个33岁的男人来说，手术就成了最好的选择。

5个小时的手术过程中暴露了一个谁也没有预料到的问题，迈克的大脑由于严重的细菌感染而引起了巨大疼痛，并且感染已经大面积扩散，引起了一系列损害性的轻微麻痹。如果治疗不及时，他极有可能在数小时后死亡。在这种情况下，迈克被注射了一剂强力抗生素，抗生素通过静脉泵被导入身体的循环系统。两天后感染还没完全消除，但在接下来的日子，感染一天天地缩小弱化，迈克在病床上一动不动地躺了一周后，便能够从床的一侧挪到另一侧了，最后胳膊也能抬起来了，9天后，尽管他的右边仍处在瘫痪状态，但他终于能够支撑着从床上坐起来。更可喜的是，他能够再次说话了，后来，他甚至能够在他人的帮助下站立并且能够将重心移向左侧来保持身体平衡。虽然迈克还不能独自站起来，但他依然非常高兴。一个清晨，在没有任何帮助的情况下，迈克用左手撑着身体慢慢地站了起来，这使杰西卡几乎难以置信，但是她了解丈夫的决心，知道他一定会竭尽所能去恢复。

然而接下来，正当他似乎逐渐地康复之时，噩耗再次发生了，迈克跌倒在床上，但这并不是由于他失去了平衡。他好像被射了一枪，突然跌倒。他失去了意识，杰西卡试图叫醒他，她想着可能是他身体十分虚弱而又站得太久被拉伤了。护士冲进病房，检查了他的生命体征，然后他被紧急抬到了轮床上，几分钟后，被送进了手术室。之后，迈克出现了心脏衰竭的症状，杰西卡被再次告知做好最坏的打算。关于迈克心脏衰竭的原因，医生说并不明确，但是无论如何心脏衰竭肯定和最初的病症相关。迈克再一次面临着死亡的考验。

心脏手术持续了6个小时，医生推断可能最好的结果就是迈克挺过来了。现在，迈克还没有从手术中恢复过来，但在这几天中，他仍有一线希望。而且这条恢复之路似乎相比迈克两周前的艰难恢复之路相对容易些。

几周后，当迈克从医院出来时，他苦苦思索，当生命在一瞬间

改变后生命的意义是什么？在以往的每个星期六早晨，他都呼呼大睡，而现在他成了一个偏瘫患者，是一个经历了脑部手术和心脏手术的幸存者。

除了身体的疾病之外，他还面临着一个十分可怕的、由于生活突变和破碎后所引起的心理障碍。他曾经不止一次地问自己："我该怎么办？"医生告诉他，通过几个月的治疗，他的最好情况是右胳膊和右腿的功能能够恢复50%，这意味着迈克的生活——运动、身体活动都将改变，而这些在他感染之前都是轻而易举的。在这之后，迈克面临的将是攀爬一座大山——恢复身体机能的大山。无论多么艰难，他都得去做，他知道他目前仅仅有一些简单的机能，他不能像过去那样了。他绝望而悲伤，愤怒而失望。

这种感染是怎么袭击他的，是怎么侵入他的大脑的？所有这些问题，没有医生甚至没有相关的流行病学家研究过和他相似的案例，所以他们都不能够给他提供答案。迈克的案例是不同寻常的，这一感染几乎杀了他。按理说，这种感染应该不能够通过脑血管的屏障，然而事实证明并非如此。

越来越多的问题使迈克逐渐意识到一成不变的生活是虚幻的，如果这能够发生，那么一切都能够发生。迈克的心灵和身体一样被摧毁了。

从医院回来后的数月里，迈克都是在黑暗中度过的，回到一个似乎被人遗忘的世界。他处在绝望的深渊，有时一连好几天，他不想离开他的房子，甚至他的沙发。但是在黑暗里他并没有失去方向，与不断的消沉相反的是他开始克服障碍，迈出了重要的一步。

他的想法是在每一件事上挑战自我，走出门外去赢得希望，他像旅行家一样脑海中充满了自我挑战和超越的故事。他曾经做了一个可怕的假设——他向一种必然性的幻觉屈服了。这种可怕假设的结局就是如果他不能克服目前的困境，他就将一直处在如之前一样的困境中。迈克发现，他越是尝试去抑制正在发生的事情所造成的不良感觉，他正在着手的重塑自我的努力工作付之一炬的可能性就会越高。因此他不再试着压制它们，而是容许自己去经历感受并分

辨这种感觉。他这样做了之后，压力的强度一点点降低了。

再没有比迈克正在面临的挑战更鲜明的了，自我恢复不仅是非常复杂和令人忧心的，而且相比预想的有更多挫折。无论这个过程需要花费多长时间，他都不会退缩，而事实上，他也从没退缩过。

这个故事的真实结果是迈克几番挣扎后不得不接受另一种生活。且为他将在生活中遇到的困难敞开了一扇心门，但是他强迫着自己去尽可能地使用他的右胳膊和右腿，以完成身体的恢复，尽管这样的结果只能恢复最初功能的一半。

迈克和杰西卡增添了新的家庭成员，他成了一位美丽小女孩的父亲，他最终还成了他所在学校的足球教练，并且在一年内，他甚至能够进行冲浪划水。[1]

我们大多数人可能不需要去克服迈克所面临的障碍，我们大部分人的生活也不会如此突然地被打破，我们大多数人也不必去了解这种感觉——去适应跟数周前我们熟悉的生活截然不同的生活。

　　迈克的事情不是典型性的，但是给我们提供了一个榜样，我们所有人都能从中学到点什么，即无论何时我们想要前进、成功和取得成就，都必须去克服那些不可预知的障碍。可能有时这些障碍很小，有时它们似乎难以逾越，但是最明显的事实是，我们都要面对它们，然后倾听我们内心真正的声音，即我们所熟知的元认知，它对于分清什么是我们想要的和什么是我们能够实现的十分有益。

　　在生活的方方面面我们都得面临自我反思的挑战。然而我们生活在这样一个时代，心理学和认知科学理论能够在我们遭遇挑战时提供基于事实的知识线索，这种科学的知识相比典型的自助知识更能给我们提供一种切实有效的方法来应对关于自我的困难心结，并且促进我们从更深的层次思考自身。结果可能并不是我们所喜闻乐见的，毕竟思考是一种非常复杂的过程。但如同迈克那样，如果我们想要获得的东西对我们来说是真正重要的东西，我们是有足够的睿智去克服重重困难并坚持下去的。

目 录

BRAIN CHANGER

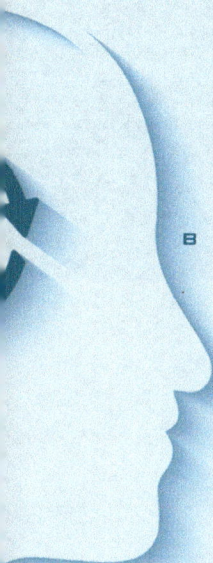

第一部分

知

事物本身没有变化，唯一变化
的，是我们的思维。
——亨利·戴维·梭罗

绪论
大脑改造

开始思维逆转之旅

我们将要进行的是哲学家称为"思想实验"的研究。请不要有所误解，这并不是学术意义上的哲学练习。哲学家们总是在探寻修辞的边界，徜徉在逻辑谬误的迷宫中，然而，这些却不能帮助我们达到想要的目标。我们要进行的实验是追求真正意义上的实用。

我们仿佛是充满好奇心的探险家，手持科学利刃，披荆斩棘，勇敢地进行冒险之旅。尽管在探索的过程中，我们会向许多实验研究者请教，但是我们的实验没有仅仅囿于实验室中。下面，让我们一起揭开"它"的神秘面纱。

它，是我们所看不到的大自然的伟大奇迹。它，遍及我们整个神经系统。可以毫不夸张地说，当我们谈论大脑时，我们相当于在谈论整个身体，因为身体的每一部分都受到大脑的影响。同样，当我们提及心智时，它的定义可以扩展得更为宽广。

■ 心智改变

几十年前，关于人类心智的两种科学观点开始相互融合，学科的交叉产生了一种新的更为深刻的理解，直至今日，持续地改变着我们的文化。

第一种学科，认知科学，侧重于揭示大脑如何产生意识以及思维怎样左右情绪；而第二种学科，行为科学，倾向于通过人们的行为来揭示思维如何工作和对社会文化的适应怎样影响思维。

这两种学科（至少它们的现代形态）有着相对新颖的科学意义，因此，它们在相互融合之前沿着各自的方向平行发展了一段时间也就不足为奇了。当这两种学科相互交叉之后，综合的知识和技术手段形成了人们对意识、思维、情绪、社会行为以及与大脑和神经系统相关的一切事物的新的理解。为了使我们的认识更加深化，诸如进化心理学、社会神经科学和行为经济学等学科近年来也应运而生，并且开始相互融合。

自两种学科观点开始融合之后，我们很难用一本书或者一系列书来详细捕捉由此产生的变化。下面，我列举一些重大改变：

- 人们不再认为大脑自幼年之后一直处于停滞状态，相反，人们认识到大脑的改变伴随着我们的一生。从某种意义上说，大脑是具有弹性的，用一个现在广泛使用的术语来描述，就是"神经可塑性"。

- 大脑的功能（例如记忆、学习）不再局限于某个具体的脑区，而是多个脑区通过连续的神经化学反应共同实现的。

- 大脑的左右半球并不像之前所认为的，相互独立，毫不相关。事实上，它们在持续的反馈回路中同时起作用，并相互影响。

- 曾经被认为自出生后就一成不变的人格，结果证实，具有相当强的适应性。而且，所谓"外向"与"内向"的人格类型并非如人们想象中的那样有着清晰的界线（准确地说，大多数人都处于这两种人格的中间地带，是中间人格者）。

- 人并不是"理性行动者"，实际上，我们的所想所为多多少少会受到偏见或执念的影响，只是我们往往没有意识到。

- 潜意识并非像弗洛伊德形容的那样，是一口承载了肮脏想法、原始欲望且即将沸腾的大锅。相反，潜意识是一个复杂的加工模块的综合体，它通过难以想象的力量控制着我们生活的方方面面。与之相比，意识领域实在是"小巫见大巫"。

- 我们的大脑产生我们的心智，同时他人的大脑也影响着我们的心智，尽管我们从未意识到，然而，在某些方面，人类大脑确实具有同步性。

以上列举的只是在短时间内发生的一些变化。在最近30年里，人们在探索大脑和思维上取得的进步远不止这些。

接下来，本书将会回答一个问题："'思维改变'将会如何影响所有人？"

■ 你位于断层的何处

现实生活中，大多数人不会通过阅读学术杂志上的实验论文来获悉最新的神经科学成果，因为那些高深莫测的科学研究，看起来似乎与人们的日常生活没有任何关系。如果有些科学研究真的会对人们的生活产生重大影响，媒体一定会宣扬得妇孺皆知。

然而，这些神经科学研究确实与人们的生活息息相关，本书将会告诉你其中的秘密。总结起来，神经科学研究是否能够为人们造福，无非体现在两个方面：你是否能从思维改变中获益？你的生活是否会因关于脑的新发现而更加美好？我将会尽力让你相信，如果不逆转思维，在不久的将来，你只能不断地受制于人。原因很简单，他们比你更善于思考。

■ 在真正开始探索之前……

我们要一起奠定这次科学之旅的基调。首要的事情就是，我是谁？我为什么要写这本书？首先要声明的是，我既不是精神病学家、心理学家，也不是神经科学家、学术研究者，或是客座教授。我只是一个对大脑功能有着无限好奇的科普作家，希望将我所了解的，与像我一样好奇的人分享。

　　我曾为大大小小的杂志撰写过科学和技术类的文章，其中包括《科学美国人》《福布斯》《今日心理学》《心理牙线》以及《华尔街日报》。除此之外，我还开了一个名为"日常大脑"的博客，出版过一本名为《疯狂行为学：来自猩猩的你，为什么总会失去理智》的书。

　　在那本书中（以"科学帮助"为基础，但后来的内容远不止此），我展开的话题围绕着所谓的"认知偏差"。我想要发掘人们总是脱离最大利益进行思考和行动背后的深层原因。我们的大脑究竟在其中发挥了怎样的作用，使得我们矫正自身的既定模式如此困难。在书中，我还详细阐述了许多人在日常生活中出现的不同程度的偏见、执念和错觉，并根据已有的神经科学研究，给予了相应的建议，帮助人们去克服障碍。

　　而在本书中，我开辟了一个新的领域。我敢说，这是一个比之前更加宽泛和有趣的尝试。

　　由于我的第一本书和后继的一系列文章都是关于大脑的，可以说，在这方面有着坚实的基础，所有我对可能发生的改变所持的乐观态度并非无源之水、无本之木。就我个人而言，我一直认为自己是一个理性的怀疑主义者，如果没有确凿的证据，我很难被说服。

　　如果你也长时间从事科普类文章的写作工作，那么你一定可以从参差不齐的文章中甄别出孰优孰劣。不得不遗憾地说，真正高质量的文章屈指可数。总有很多人花大力气在宣传上，试图让你相信他们所说的值得你花费金钱和时间，却很少有人愿意潜下心来，扎扎实实地做研究。

但是，我对本书的内容抱有很大的乐观态度，并且我认为这种乐观经得起时间的检验。我可以自信地说，如果你阅读下去，你会成为一个善于思考的人。不过，我最希望看到的是，当你合上本书的时候，你变得和我一样精力充沛、充满希望。

我的乐观从何而来？

下面是概要答案，我们现在了解大脑的运行，以及在运行过程中与周围环境相互作用的潜在原则。

就思想和行为而言，认知科学和行为科学为我们提供了了解大脑的新方式。最近几十年，特别是近几年，涌现出了许多关于大脑的、不可思议的发现。从更大的范围来说，是关于我们的心智。

其中，最为重要的发现莫过于人类大脑包含了一连串永不停歇的"反馈回路"，这些"反馈回路"共同运行，形成了一台驱动思想和行为的引擎。如果我们能深入了解影响我们思想和行为的反馈回路，那么我们定能找到改变思想和行为的方法。无论从哪个角度来看，前方的道路都令人欢欣鼓舞。

为了让你能认可我的乐观，我要讲述一个多年来一直吸引着我的注意、点燃着我激情的故事。不过，本书绝不是一本关于大脑的"螺母和螺栓"的书（一类钟表匠教你如何改变速度、调整时间的书）。

在本书中，涉及的所有讨论都有着神经化学基础。换句话说，大脑中发生的任何变化都离不开关键性化学物质（类似于多巴胺、血清素、谷氨酸酯）。假如我们想要深入探索大脑的奥秘，第一件事就是要弄清楚那类化学物质是什么，它们在大脑运行中发挥了什么作用。例如，如果我们不了解多巴胺在大脑的"奖励中枢"中起到的不可或缺的作用，就无法解释为什么我们会渴望达成目标。

但是，我们的重点不是解剖大脑或是探索神经化学的奥秘。理解特殊的化学物质如何反应具有重要意义，然而，本书却不是一本关于神经科学的教科书。本书只有一个实用性的目标，展示出所有变化的可能性。

很多传统的自助类图书尽力为人们提供一套"放之四海皆准"的成功法则。在这类书中，作者们会先描述一个问题，接着给出相应的解决方法，并告诉你如何从 A（现有状态）到 B（理想状态）。而对于我来说，从事科普文章写作的经历使我排斥一切成功法则。我总觉得世界如此多样，不存在所谓的万能公式，让任何人代入自己的情况，都能得到理想的结果。这也是我写的书是"科学帮助"，而不是自助的原因。科学帮助目的是从旨在弄清问题、提出解决方法的研究中提炼知识线索。[2]

我不会向我的读者宣称"我找到了答案"。正如前面提到的那样，我们正在共同进行着一场思想实验。我们正在构建自身的思想，寻找由思想通往行为的道路。

当我们做这些的同时，我们也在探索着改变的契机。但是，我们时刻要提醒自己，科学本身并不是答案，它与问题有关。假如我们即将要使用科学工具进行探索，那么我们首先要掌握科学规律，最重要的是，我们不能把某些发现推及所有情况，必须做到具体问题具体分析。

这是不是意味着我们无法发现真相，并在日常生活中加以利用呢？当然不是，倘若真是那样的话，根本就没有写这类书的必要。事实上，它仅仅意味着我们不得不谨慎地使用一个心理法庭，包括可以审理的案件和可以移交的案件。除此之后，我认为我们应该在希望解决一些"案件"的同时，也开辟一类新的、能引起浓厚兴趣并促使我们进步的"案件"。

以上是对这次科学探索之旅做的简要阐述，下面，让我们谈论点别的。

我在上文中简要地提到了"反馈回路"，当我们继续前进时，它就是我们旅行的引导者。

◎ 反馈回路：适应性大脑的"发动机"

我们将要讨论的是意识空间的驱动力，认知科学家将它命名为"元认知"。简单地对元认知进行一下定义，即"对思维的思考"。为什么元认知如此重要？在下面的部分中，我会细细道来。

元认知是我们所拥有的、能够改变反馈回路的最强大的内部力量。

有了以上内容作铺垫，本书分成三个大的部分以及一些小章节。

第一部分——知：我们将会讨论心理空间的动力系统，包括意识空间和庞大的加工空间（称为无意识）。

第二部分——做：在这个部分中，我们将会把知识转化为行动。做，包含了对增强思维能力与催化行为的思维手段的选择。

　　第三部分——扩展：在这最后的部分，我们将会对一系列资源进行评论，包括散文文学、小说和电影，将我们在本书中的探索进行一下扩展。

　　现在，让我们开始冒险之旅吧。这是场充满了乐观态度的实用主义思想体验。你所需做的就是，以开放的心态去接受所有可能，尽情去享受所有令人欢欣鼓舞的事。

生命最终的意义并不仅仅
在于生存，还在于觉醒和沉思的
能力。

——亚里士多德

第 1 章
元认知
冷静的观察者

这里，我们将用一幅图（见图 1-1）引出后面
的讨论，这幅图将把本书中反复出现的核心概念
（元认知、适应、主要的反馈回路）串联在一起。我
们先从图的顶端开始，首先要对"元认知"下定义。

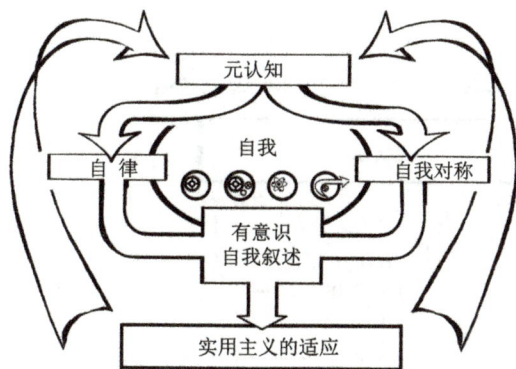

图　1-1

■ 什么是"元认知"

　　问题解决技术（例如，类似于各种各样的认知和行为疗法中使用的技术）依靠着一种人类独有的手段，无论人们是否意识到，这种手段在生活中都得到频繁的使用。用一句话来概括一下这种手段的作用，就是它帮助人们从问题中抽离出来。借助这种手段，我们可以从令人困扰的事件中挣脱出来，以一种旁观者的角度重新审视事件本身，事情往往会迎刃而解[1]。正如那句古话所说，"不识庐山真面目，只缘身在此山中"。

　　这种手段不是别的，正是"元认知"（见图 1-2），即我们审视自身思想的能力。虽然《圣经》上说过"人生而平等"，但是人们运用元认知的能力确实大有不同。由于它源于后天的努力，如果想要掌握技巧，就必须进行思维训练。不过，一旦我们能够熟练地运用元认知，那么没有比它更有效的手段可供我们去解决问题、应对挑战和矫正指向目标解决的消极方向了。

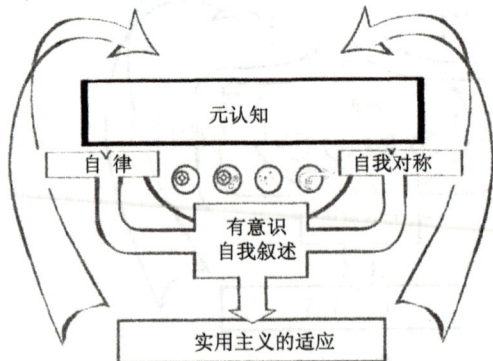

图　1-2

每当我们对思维过程和所获取的知识进行反思时, 其实都在使用元认知。[2] 尽管我们在使用元认知的时候可能会缺乏有效的指导, 甚至有可能陷入无限的思维怪圈中, 但是丝毫不妨碍我们一天到晚使用它。为了最大限度地发挥元认知的能力, 我们要使自己专注于它的力量, 在不得已的时候, 还要安排必要的训练保持专注力, 避免分心。这是个挑战, 但是迎难而上会产生明显的结果。

换个更合适的说法, 元认知是调整思维、改进思维结果的最有力的内部手段。

我们将在书中讨论以下几种已被发现的影响:

- 影响反馈回路
- 发现认知歪曲 (又称为 "思维错误")
- 促进神经化学变化

■ 什么是反馈回路

在本书中, 将会频繁地使用一个人们经常听到却很少去探究意思的术语——"反馈回路"。事实证明, 反馈回路极其重要, 因此, 我认为我们应该花大量篇幅, 去讨论一下反馈回路作为适应性大脑发动机所起的作用。

关于人性, 有着这样一种老生常谈, 人们每天体验到的复杂人性就像一片深海, 深不可测, 但是我们仍然能够找到一些基本的管理原则, 去解释许许多多行为的原因。在过去的 40 年里, 心理学、社会学、经济学、工程学、流行病学以及企业策略学的研究耗尽心力，终于证实反馈回路的广泛解释力。[3] 一旦我们清楚它们是如何工作的，我们将会惊喜地看到，我们的大脑驾驭着这个世界上最庞大的反馈回路。

研究者认为反馈回路在四个不同的阶段运转，上一阶段与下一阶段紧密相连，环环相扣。科普作家托马斯·戈茨（Thomas Goetz）把这四个阶段（见图1-3）分别定义为：

图 1-3　反馈回路的基本要素

◎ 事实阶段

每个反馈回路都要先搜集数据。从广义上说，数据可以是观察、整理、测量的和之前存储在大脑中的任何信息。数据既可以来源于你自身，也可以来源于其他人。像是观察同事在办公室是如何互动的，记录体重秤上的数字，开车的时候前方车轮发出奇怪的嗡嗡声，这些都是搜集数据的方式。

◎ 联系阶段

在联系阶段，我们将从数据的搜集和存储转向数据的输出，但是此时的数据已经"改头换面"。如果要使数据能够在反馈回路中发挥作用，数据本身必须被赋予意义。这时数据就得与个体的需求联系起来。举例来说，当你意识到与同事的良好互动将会帮助你更好地工作，并且从长远角度来讲，可能会让你的事业更上一层楼时，观察同事的互动就由原始数据的搜集转为意义数据的输出。这就是保持回路畅通的情绪"刺激"。

◎ 结果阶段

一旦数据有了意义，回路就能够继续发展，但是，若要保证回路运转顺利，我们此时还要知道如何去处理这些信息。接着上面的例子，你已经认真观察了你的同事是如何互动的，并且你判断这些数据之所以有意义，是因为它们与同事的情绪有关，那么加工这些数据的结果是什么？现在你需要下定决心，如何去处理这些数据，要么做些什么，要么什么都不做。因此，就进入了回路的最后一个阶段——行动阶段。

◎ 行动阶段

当明确了信息与我们需求的联系和由此产生的结果之后，我们现在要面对的就是"做"的挑战了。让我们继续办公室的故事，你确信，如果不能很好地融入同事们的圈子，那么你只能游走于办公室这个小小"社会"的边缘，始终不能成为其中的一分子。最终，你不能获得使你的事业蒸蒸日上的人脉。到此，你前方的昏暗道路上，仿佛突然间亮起了一盏路灯，照亮了前进的方向。你迅速行动起来，逐步改善与同事之间的关系，潜移默化地融入那个小社会，只为完成终极目标——成为那个圈子中不可或缺的成员。

只要开始了行动，那么这个行动本身，可能作为被评估和观察的信息（新的信息得以搜集和校正），开启新的反馈回路。随着回路的不断循环，你将会离你的目标越来越近。

鉴于这个多层的解释，不难看出为什么反馈回路占据了无数学科的核心地位。比如，工程学就是依靠反馈回路来计划、设计、建造和测试所有对象，小到水泵站，大到复杂的软件应用；企业发展策略利用反馈回路来制定和实施商业计划和营销策略；而流行病学则以反馈回路为基础来研究新的疫苗和抗病毒疗法。这样的例子不胜枚举，就不再赘述了。

就本书的目的而言，我们关注的是反馈回路在认知领域所起的作用。下面，让我们把注意力重新折回到大脑上，看看反馈回路作为大脑的"发动机"，是如何为大脑提供动力的。说得更细一点，我们将要探究多重反馈回路是如何同时工作的，以保证大脑能够持续地创造奇迹，指挥我们跨越重重障碍，克服种种挑战，朝着目标奋力前进。

■ 人类大脑如何进行元认知：元认知回路

元认知不仅仅是一个理论概念，它还是有着广泛神经基础的大脑功能之一。[4]产生元认知的大脑结构并非仅仅局限于大脑的某一区域（正如许多高级的皮层功能那样，比如记忆）。

　　相反，这些结构跨越了多个大脑区域，通过一个心理网络中的神经连接形成了一个大的脑区，其中就包含了广为人知的前额叶皮层（PFC），这个脑区是最后才进化出来的部分，主要负责高级思维和推理。[5] 为了简要解释大脑完成元认知的过程，我们有必要提及一个整合了意识和潜意识成分的反馈回路（见图 1-4）。

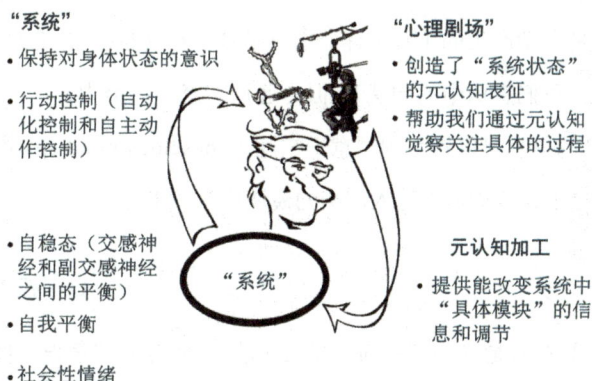

"系统"
- 保持对身体状态的意识
- 行动控制（自动化控制和自主动作控制）
- 自稳态（交感神经和副交感神经之间的平衡）
- 自我平衡
- 社会性情绪

"心理剧场"
- 创造了"系统状态"的元认知表征
- 帮助我们通过元认知觉察关注具体的过程

元认知加工
- 提供能改变系统中"具体模块"的信息和调节

"系统"

图 1-4　元认知回路

◎ 系统

　　我将元认知回路的开端定义为"系统"。在系统阶段，许多无意识加工通过神经科学家称为"模块"的结构得以进行。[6] 想象一下这样的场景，你试图有意识地去控制右手和右臂的每一个动作，接下来是左腿，然后再使你的头左右摆动。谢天谢地，我们不需要刻意地去思考这些司空见惯的动作，我们会有意地去做这些动作，但是我们不必专门去思考如何才能完成它们。

"系统"中的动作功能控制模块自动操作了上述动作，不需要直接借助意识的努力。我们不可能经常有意识地监控和控制那些动作（举例来说，保持重力平衡），更没有必要去控制诸如血压、肺、心脏、神经系统、消化系统等功能。因为这些在"系统"中都是无意识自动发生的，"系统"可以说是这个世界上最复杂的加工中心。然而，来自"系统"中的信息却能够进入意识领域。尽管系统中的一些信息是自动产生的（因此有个术语叫做"自动思维"，它是指突然间出现在我们意识中的想法），但是通过有意识的努力，一些来源于"系统"的信息可以转移到"意识空间（conscious mind space）"。在某种程度上，我们可以进入广阔的模块化系统来进行调整。

◎ 心理剧场

为了弄清楚来自"系统"的信息是如何进入"意识空间"的，我们有必要把这个过程形象化地投射在一个屏幕上，我把这个屏幕称作"心理剧场"。在心理剧场中，我们的有意识加工能力（主要体现在前额叶皮层上）能够聚焦于"系统"的特殊状态（例如，像是社会情绪之类的抽象模块，或者血压之类的生理模块）。换句话说，储存在系统中的信息能够被提取出来，或者像是"检索"图书一样，为心理剧场做准备。[7]

拿你可能做出的特定的社会情绪反应为例，有时你不能理解为什么某人的行为使你觉得厌恶（你仅仅知道他的行为令人厌恶）。但是如果你把系统中的情绪性关联投射到心理剧场的屏幕上，你就能仔细地对你的反应进行分析，也许之后还会对自己的思想产生新的看法。比如，你可能会意识到，你道德愤怒的根源来自对之前发生的类似行为的模糊记忆。也许那个人使你想起了多年前欺负你的堂哥。这种释然将会回转到系统中，回转到社会情绪管理的模块中。因此，下一次你再遇到这个人的时候，他就再也不会引起你的道德愤怒了。[8]

在一个更基本的层面上，我们能够通过元认知回路影响类似于血压之类的实质动态。一旦我们将血压的系统状态投射到心理剧场上（在这种情况下，可通过类似于血压监控的反馈技术将其引入心理剧场），我们可以使用任何有意识的控制手段来影响它，比如说，可以通过冥想或者其他放松技术，让我们感到身心平和。连选择采用冥想的方法来控制血压都是有意识评估的结果。

无论模块是情绪的还是生理的，有意识的影响只能通过元认知加工，或者是与我们正在评估或是可能改变的事物"有意识分离"才能实现（下面我们将会简要讨论）。

■ 意识层面的元认知

我们已经讨论了跨越无意识系统和有意识心理剧场的反馈回路。但是，我们现在不得不返回原点，采用一种更加宽广的视角，因为仅仅关注回路并不能告诉我们元认知的整体面貌。我们将会对一个在神经科学上更具有挑战性的问题做出回答——元认知在更大的意识层面是如何工作的。为了解答这个问题，我们需要用一幅新图（见图1-5）展开我们的讨论。

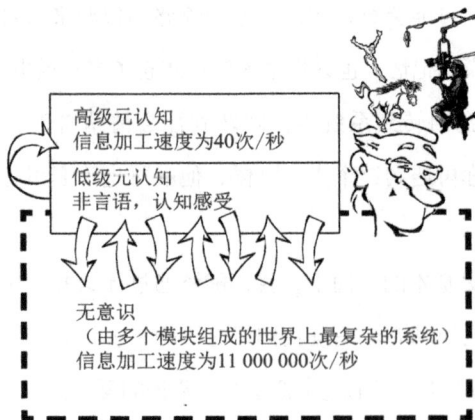

图 1-5　意识层面的元认知

　　弗洛伊德曾说过："无意识是一口承载了未被察觉情绪的大锅，它即将沸腾。精神分析的目的就是冒险进入这个神秘、令人恐惧的领域，追溯到它们的最初形态，它们可能是早期被压抑的欲望和性幻想。"如今，认知科学家提出了"新的无意识"的概念，使其与弗洛伊德的无意识理念区别开来。[9] 新的无意识并非未被察觉的情绪、本能和欲望的释放。在经过了大半个世纪的大量实验之后，我们现在认为无意识更近似于一个大型的模块加工系统，而不是一个心理情绪的无底深渊。有研究指出，无意识信息加工速度最高可达到 11 000 000 次 / 秒。[10]

　　与之形成鲜明对比的是，在意识空间中，信息加工速度最高也只能达到 40 次 / 秒。[11] 如果我们把意识图百分化，意识空间连大脑加工的 1% 都不到，剩余部分都是新的无意识——一个模块化、有着无穷力量的机器。

这是我们讨论的转折点。想想都令人兴奋不已，因为我们似乎能够直接接触和改变无意识。然而，这很大程度上是种错觉，我们把它称为"内省错觉"。[12] 内省（从字面上可以理解为"审视自身"）虽然会起到一些作用，但是它并不是一把开启无意识大门的魔法钥匙。不幸的是，许多自助和新上架的书籍，力图使人们相信内省正是那把钥匙，并且只要学习新的（或古代的）内省方法，我们就能如同探囊取物那般简单，得到想从无意识中获得的一切。

但是，从科学帮助的角度来说，我们不得不以一种更加审慎的态度去判断，通过内省（或者其他的聚集自我的技术）我们能够获得什么或是不能够获得什么。我们可以探索无意识，但是并非想象中的那样随心所欲，从某种角度上来说，这也是件好事。在进化过程中，大脑中生成了一个弥足珍贵的系统——"自动化"。自动化保证我们曾提到的那些无意识模块在没有意识参与的情况下能够正常工作。来自无意识的大多数思想和感情都不能用言语表述出来，但具有认知性，它们虽然不太具体，但也不完全抽象。这些思想和感情包括我们觉察到和已经忘却的感情，隐藏在内心深处不确定的感受以及所谓的"舌尖现象"（比如，"我知道那个乐队的名字，却说不上来，但是我确定知道"）。

来源于无意识认知的想法和感情可以渗透到"低级元认知"空间里（见元认知箱的低级部分），在"低级元认知"空间中，我们开始处理无意识的未知事件，但是这些事件却无法投射到心理剧场中，直到大脑中的指挥控制中心（前额叶皮层）将它们输送到"高级元认知"（也叫"意识元表征"，位于元认知箱的高级部分）。这是我们心智的一部分，在这里，我们从心理上分离，如同灵魂出窍般去看我们的所思所感。

正如我们上面提到的那样，在意识空间里，我们处理信息的速度为 40 次／秒。相对于无意识的信息加工速度，可能只是冰山一角，但是意识空间的信息加工能力仍然不容小觑。靠着 40 次／秒的加工速度，我们依然收获颇丰。并且我们越是善于使用元认知，我们越能有效地驾驭这种处理能力。实际上，促使大脑积极有效地运转元认知回路，也正是提高大脑适应性能力的关键。

■ 元认知觉察

上文已经阐述了元认知的基础，现在让我们讨论一下"元认知觉察"，以及它对我们目前的探索有什么帮助。心理学家用一个问卷调查排名系统来确定个体元认知觉察水平，即个体意识到自身是如何检测和影响思维的程度。个体的元认知觉察水平越高，其使用自动化系统去引导思维加工的频率越低。[13]

另一个思考元认知觉察的方式就是想出一个策略，这个策略能够挑选出可利用的认知反应。曾有研究者把元认知觉察比作一种容量控制，元认知的容量越大，我们能觉察到的思维反应就越多。并且，我们会把这些思维策略清晰地呈现在心理剧场中，这时，我们不仅增大了容量，也提高了屏幕的分辨率。

元认知觉察包含四个主要因素：[14]

- **元认知控制**：在意识空间中，我们施加在思想和感情上的有意识控制
- **元认知知识**：进入意识空间的知识的数量和质量
- **元认知监控**：在意识空间中，我们对知识进行评估的频率和效率
- **元认知体验**：我们能从意识空间的知识中获得什么，以及这种体验怎样使我们在整个过程中获益

伴随着元认知觉察水平的提高，我们对大脑反馈回路的影响力也与日俱增。我们越来越了解外部和内部的体验是如何影响大脑工作的，并且我们发现通过改变影响力，还能开启改变大脑反应方式之门。

换句话说，我们越擅长对思维进行思考，我们越能顺应改变，越能找对朝向幸福生活的方向。

■ 一个实用的比喻：内心的记者

我认为元认知就像一名记者（见图1-6），因为一名优秀的记者具备从元认知中最大程度获益的主要特征。

一名优秀的记者：

- 行动迅速
- 来源可靠
- 提问准确
- 持续追踪

图1-6　心中的记者

■ 报道真实

（在第二部分中，你会听到一些关于心智的其他比喻，我将其称为"心智的 12 种元表征"，但是这里我们仍使用记者这个比喻，因为此时，没有比它更贴切的了。）

下面我们列举一下优秀的记者与元认知觉察存在哪些相似之处。

◎ 行动迅速

一旦记者决定好报道的方式，就立刻行动，决不浪费时间。同样的，元认知觉察必须快速地进行改变。我们必须即时分离和评估当时情境，因为事态发展往往难以预料，但是必须马上做出行动。

◎ 来源可靠

知识是一种手段，正如逻辑和直觉也是手段一样，尽管我们不能单纯地依靠知识（就像我们不能纯粹地依靠逻辑或直觉一样）。有一个观点一直贯穿本书，寻找和应用来自可靠来源的知识线索，为我们提供了一个元认知的契机。

这本书中参考和推荐的出处主要基于实验或来源于其他学科。一个好的记者能够深入挖掘信息，多方位进行思考，因为任何单独的学科都不可能提供足够的信息。他还应该把打破阻碍学科互通的围墙作为使命，同时，一名优秀的记者自己也是"万金油"。同样的道理，只有信息来源广泛，我们才能增强元认知觉察。寻找和消化这些来源是一个不断学习的过程，如果我们把这内化为日常生活的一部分，我们必定受益匪浅。

◎ 提问准确

一名优秀的记者会深入问题的本质，而不是停留在问题的表面。这点同样适用于元认知觉察。如果我们躲躲闪闪或不肯正面问题，对我们来说没有一点好处。相反，正确的做法是一针见血，直击要害。另外，我们没有时间可以浪费，记住，在这个过程中，从来都是时不我待，所以做事果断非常必要。

◎ 持续追踪

记者们都是喜欢评论的侦探。当他们提出正确的问题之后，剩下的就是持续追踪。但是如果他们意识到自己掉进了一个兔子洞时，他们也会意识到该到此为止了。元认知的推断在任何特定的时刻，都会持续很长时间。这其中的一些与你问自己的问题有关，一些则不是。如果你认为推断有帮助的话，你就得找出其中的相关性，并持续追踪，同时忽略掉其他无关的推断。

◎ 报道真实

最后，一名优秀的记者报道的事实可能令人难以接受。无论事实怎样，它都是故事的一部分。一旦使用元认知，你不得不心甘情愿承认你发现的一切，无论它们有多么不堪或是令人心碎。你内心世界的搜索，就像记者的搜索一样，是为了获得真相，尽管真相往往不尽如人意。这是所有人都会遇到的事。

现在，你可能会问："如果时间紧迫，我应该如何实施这么多步骤呢?"答案就是，尽管以上这些看起来是一步步的，事实上他们是一个整体。记者们使这些特质具体化，并将它们一起体现在行为之中。我们在使用元认知觉察时也应如此。每次，当我们有意识地使用元认知觉察，我们都不会故事地从 A 到 B，再到 C。我们应该向资深记者学习，训练自己自主地实施这些步骤。

本章小结

在本章中，我们讨论了什么是元认知，它对思维起到了什么样的作用；什么是反馈回路，为什么它是讨论大脑和心智时的重要概念；一名优秀的记者与元认知觉察存在哪些相似之处。

下面是第1章的主要内容：

- 元认知是"对思维的思考"。

- 反馈回路包括四个主要因素：事实、联系、结果和行动。

- 元认知回路是无意识的信息（在"系统"中）进入到意识空间（心理剧场），并且转化成能重新转回系统的信息的过程。然而，我们必须这样想，我们能够通过内省来进入无意识空间，这种想法被称做"内省错觉"。

- 我们能够通过元认知回路，进入部分无意识空间，但是要注意的是，这个过程包括两种水平的元认知，低级元认知（我们接收认知的想法和感受）和高级元认识（我们从所想所思中分离出来）。

- 元认知觉察是指，我们使用元认知反过来影响思维和行为的"思维策略"的水平。

- 一名优秀的记者所具备的条件与充分地利用元认知觉察的原则十分相似。

- 成为一名优秀记者的"过程步骤"实际上并非分步骤，而是一系列连续的思维和行为，元认知亦然。

- 我们需要付出努力才能扩大和提高元认知觉察的能力，这样做会大大提升得到最理想思维结果的概率。

B R A I N C H A N G E R

第2章

心理化

最初的心智游戏

我们已经讨论过元认知，包括元认知是什么以及元认知回路在心智上是如何工作的。下面，我们将会进一步探讨人类大脑增强元认知的特质。

然而，在开始讨论之前，要做件重要的事情，我们需要把这些自我反思能力与其他物种的相似能力进行一下区分。长久以来，认知科学家认为，只有人类才能够完成基本的自我意识任务，比如说识别镜子的自我。如果你把自我意识想成一条线段，那么类似于镜面自我识别的基本任务位于线段的一端，元认知觉察则位于另外一端。这样，你对我们将要讨论的内容会形成一个完整的心理框架。

　　事实证明，我们在其他物种的自我意识水平上的观点是错误的。不仅仅黑猩猩和其他类人猿能够识别镜中自我（与认为它们的影像是另一只猿相反），甚至连海豚、大象、猕猴和欧洲猿、喜鹊都能做到这点。[1]

　　真正只有人类能够完成，而其他物种却做不到的是，从自我知觉中脱离出来，审视一种脱离了自我的情境。举个例子，黑猩猩之所以能够识别出镜子中的自己，是因为它注意到当它指或拍镜子的时候，镜子的影像与自身的动作完全一致。（正如我之前提到的，我们认为其他灵长类动物是最近几十年才具有这种能力，这种能力出现的时间要更早。）但是，同一只黑猩猩却不能够假想出一个除镜子影像之外的心理位置，它不能在一个脱离当前环境的水平下进行元认知。

　　然而，人类不需要注意，就能脱离当前环境进行元认知。例如，当交通拥挤的时候，旁边的车却突然插到你前面，你立刻就能意识到出现在当前情境中的所有事物，你自己、交通以及插队的人。你怒不可遏地按响喇叭，然后摇下车窗玻璃，呵斥插队的人。

　　但是进化使你具备了一种与众不同的技能，因为你没有必要与当前发生的事情保持一致。你能够从当前情境脱离出来，判断一下不同的思维和行动会带来什么样的结果。在你按响喇叭，摇下车窗，大声呵斥之前，你能够对做与不做的后果进行一下分析。在这个心理空间中，你"看到"了下一刻将会发生什么，认为贸然行动结果并不理想，所以你放弃了这样做。你有效地使用了元认知觉察来改变当前局面。

阅读了上段之后，你可能会问："那听起来不错，但是万一我一时冲动，失去理智，立马行动怎么办？"答案是，任何人都能够改变下一刻要发生的事情，尽管我们承认更倾向于听从大脑的边缘系统做出反应，这个反应系统因"战斗或逃跑"的倾向而广为人知。[2]

我们将会再次思考在前面探索中浮出的问题。高度发达的元认知觉察绝对是对抗"战斗或逃跑"反应的疫苗，但是作为一种资源，它却被许多人忽视，以至于它的力量不能得到充分发挥。元认知是人类所拥有的、改变和提高大脑反馈回路结果的最有效的内部力量（包括那些分泌大量的肾上腺素才能施展的能力）。然而，要想使用好这种影响力，一定要下功夫。

我们能做到如此之多，比如自我反省，这也是灵长类和猿类做不到的。那么，除了元认知之外，还有什么使我们的心智区别于其他的呢？

■ 心理理论

心理理论（TOM）指的是人类特有的能力，它使人类能够想象隐藏在他人之前行为背后的动机和感受，并对他们当前或未来的行为做出预测。TOM 有其有意识的、合理的部分，不过，我们常常通过快速、自动的无意识过程对他人所想所思进行"理论化"。TOM又被称作"心理化"（见图 2-1）。

图 2-1　心理化

人际关系和社会组织使得人类成为对 TOM 有着高要求的唯一物种，因为人类社会的复杂，使得人们"进入他人头脑"成为必须。换言之，我们都是天生的读心者。

所谓读心，也并非想象中的那样可怕。我们所有人，无论刻意与否，每天都在"进"、"出"他人的大脑，搜集和评估能够作为判断他人思维会怎样影响行为的线索。我们如此频繁地做着这件事，以至于得到一个很有力的观点：我们的心智，至少是一部分，由我们的思想与他人思想产生的碰撞来定义。

在这儿，要着重提一下丹尼尔·西格尔的贡献。西格尔的工作开创了一个新的领域——"人际神经生物学"。这个学科的诞生表明，当我们说起"心智"时，我们实际上是在谈论我们的大脑、自己的心智和他人的心智之间的关系。总结一下就是，心智是内在的、相关的。用西格尔的话说，就是："心智是身体的意外属性，而联系是在内部的神经心理加工和相关经验中产生的。换句话说，心智是出现于全身分散式的神经系统以及联系中交流模式的一个过程。"[3]

这也是西格尔所说的"突现"的实质，更加基础的过程（与大脑的神经联系以及与他人的相互联系）产生了一些新事物——我们的心智。因而，我们的心智来源于不断变换的内外部变化。西格尔强调："心智是身体的具体表现，而非局限于大脑。同样，心智也是相关的，而非独立的产物。"

■ 意向性：心心相"映"

紧跟着心理理论，接下来我们要介绍一下"意向性"，一个将人类和其他物种区分开来的重要概念。意向性可以被看作心理理论产生作用的有力臂膀，它可以通过次序得以测量（第一、第二、第三等）。

拥有**一阶意向性**的主体（人类或其他动物）能够反思自我的欲望、需要，他们能够进入自己的头脑中。甚至一只正在照镜子的黑猩猩也不得不做一些一阶动作来确定它正在观察的是它自己，而不是别的猩猩，而且好像地板上靠近其他猩猩的葡萄确实在它旁边，只等着它拾起来，然后大快朵颐。

二阶意向性使得主体能够形成关于他人心智状态的理念。

三阶意向性指的是个体能够推断一个人如何思考另一个人的想法。

再向前推进一步，**四阶意向性**指的是个体能够推断一个人怎样揣测另一个人如何思考第三方的想法。

仅仅人类能够掌握三阶和四阶意向，在某些特定的情况下，甚至能完成五阶或六阶意向。并且，一些很复杂的记叙文只可能使用四阶甚至更高的意向性才可能展开。[4]

非人类的灵长类动物，例如海豚和猪，具有一阶和二阶意向性。[5]

■ 心声的作用

人类心智区别于其他动物的另一个与众不同的特征就是"心声"。心声是将行为中的元认知觉察标注出来的通常做法。当我们检验自己的思维过程进行到哪一步的时候，检测者会听到一种来源于自身的声音。尽管这种声音是我们自己发出的，但是它更像是一位冷静的旁观者做出的论断。[6]

大多数人都体验过这样的心声，当你决定去做某件事情的时候，"去做吧"，"千万不要这样做"，类似的声音冷不丁地会回响在你的耳畔。那么，心声是如何到达行为的终点并在终点指挥我们究竟是前进还是止步不前的呢？答案就是，心声的发出者——元认知"黑匣子"。

然而，问题在于，你的心声是否真的具有指导作用呢？如果你的元认知觉察的过程得到了良好的训练，那么可以肯定地说，心声会引领着你走向成功。但是，倘若恰恰相反呢，遵循心声的指挥，只会让你陷入一个接一个的麻烦之中。

使心声具有指导性，对于大多数人来说都是个艰难的任务。消费型的社会在潜移默化中使我们接受这样的主流文化，任何形式的"感觉好"都是我们应该追求的目标。而这种情况下的"感觉好"往往是本能的替代词。尽管有时满足一下原始欲望会得到不错的效果，但是大部分时间，盲目地实现本能往往带来的是灾难性的后果。

人类的本能在进化过程中已经被打上了生存和繁殖的烙印。但是，当你把那些原始欲望带入复杂的文化中，它们与文化无法完美契合。事实上，我们有理由相信，人类与生俱来的本能与大脑所创造的文化已经脱节了。

这也就是元认知之所以是如此重要的一种内部力量的原因。因为它能够引导原始欲望和认识感受与实际情境相符的方向上发展。

有研究曾关注心声在组织一段内部对话中发挥的作用，这实际上也是一个很有趣的心理学现象，我们对自己不断重复的内容，最终将变成现实。举个例子，你为了找工作，投出去许多份简历，但不是石沉大海，就是婉言拒绝。此时，如果你的耳畔回响着这样的声音"你是个失败者""你是个失败者"……最终，你会放弃寻找工作，因为你深信无论付出怎样的努力，也是徒劳无功。

这个就是我们所说的"未经训练的心声"。因为它生长于阴暗情绪的角落，而不是元认知觉察的沃土。如果心声未被训练，常常会传递负面的信息，例如，你能够合理地预测出更多失败的可能，但只要有一次成功就能扭转乾坤。

也许，没有人对心声的描述能比伟大的罗马教皇，马可·奥勒留（Marcus Aurelius）形容得更贴切的了："惯性思维怎样，心智就会怎样，因为你的灵魂已经被思想浸染。"

■ 自律型人格

如图 2-2 所示，我们已经行至旅程中具有里程碑意义的一点。我们已经知道元认知和心理化是如何发挥作用的，这将为接下来揭开探索过程中的第一个重大发现做好铺垫。

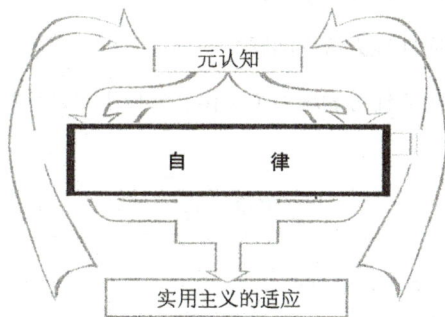

图　2-2

通过对元认知的有效利用（心理化增强了其效果），我们具有了越来越自律的人格。

"自律"指的是可达到的自我意识的最高水平。（我使用"可达到的"这个词，仅仅是为了强调我们在第 1 章中提到的无意识所受到的限制，记住，我们进行的是实用主义的探索，我们必须实实在在地"能够从那到这儿"。）

就我个人的理解，自律型人格的人了解元认知回路并且能够使其发挥最大功效。他们同样知道心智化是怎样起作用的，并且认识到他们的心智会有目的地与他人相互作用。尽管他们知道自己无法控制无意识，但是通过元认知，他们可以影响庞大的系统中的加工模块，进而改变整个生活。同时，他们也明白当元认知得到有效利用时，他们引导和管理信息进出意识空间的能力会增强。

近 20 年的研究表明，具有自律型人格[7]有以下优势：

- 更高的创造力水平
- 更加灵活地运用所学知识
- 更加适应性地去考虑问题
- 更加出色的任务表现力（工作、学校表现，等等）

本章小结

第2章整体框架如下：

- 曾经我们认为，只有人类拥有一定水平的自我意识，但是我们现在知道事实并非如此，灵长类动物（例如海豚、大象）也具有极低的自我意识，它们可以识别镜子中的自己。

- 心理理论，或者心理化，指的是人类独有的基于他人过去和现在的行为，推断他人思想的能力。

- 意向性具有序列性，并开始于一阶（基本的自我意识），二阶指的是对他人心智状态的觉知，三阶指的是觉察到某人对另一个人心智状态的觉知。依此类推，只有人类才拥有三阶甚至更高阶的意向性，最高的可达六阶。

- 心声是标记元认知觉察的最通用的标签。

- 如果心声得到良好训练，那么它将扮演一个冷静的旁观者的角色。反之，人们将沦为情绪的奴隶。

- 经过前两章的学习，我们到达了探索之旅中的一个里程碑——自律型人格。[8]

第 3 章
实用主义的适应
改变思维，改变生活

■ 实用主义的适应

从本章开始，我们将从元认知过渡到进化生物学和最新的衍生理论——进化心理学中。首先，要对这些概念进行一下区分，这很有必要。因为这将为我们接下来的探索之旅增添浓墨重彩的一笔（见图 3-1）。

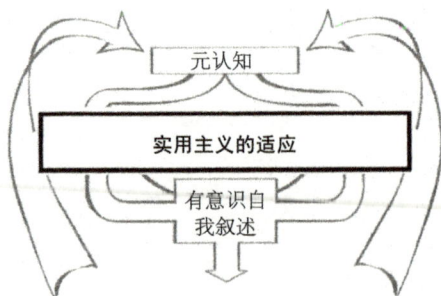

图 3-1

　　人类一方面蒙受生物进化的恩泽，一方面与文化进化进行着博弈。
鉴于此，用一种实用的观点看
待反馈回路对人类的重要意义。

　　为了方便读者们理解，
图 3-2 描绘出了一个反馈回路
的基本要素。

　　因为人类是生物进化的产
物，所以反馈回路很可能在我
们以直立人的形态出现在历史

事实

联系

行动

结果

图　3-2

舞台时就已经伴随着我们。人们总是认为后期人类的许多方面都是
非常"现代"的。其实这种偏见不难理解，因为我们仅仅能够看到
许多思想和感受在特定的时代（我们生活的时代）的运用。

　　拿"怀疑"来说。当我们提及怀疑时，实际上是在质疑某个想
法或假说的真实性。怀疑是高级物种特有的手段。通过怀疑，人们
能进行辩证思维并反省自身。但是，让我们回顾一下人类的进化史，
看看这个似乎很"现代"的工具如何进化成为人类大脑工具的一部
分。实际上，怀疑的雏形在进化的历史中已经存在了上千年，我们
之所以没有辨认出它，是因为我们的知觉本身只停留在此刻。[1]

　　原始状态的怀疑可能表现为某种敏锐的感觉。这种感受会阻
止一个原始人过于靠近巨蟒的洞穴。不过，原始人能解释这其中
的奥秘吗？显然不能。但是，这丝毫不影响这种感觉对他生存的
重要性。

对于反馈回路的要素来说，道理亦是如此。换句话说，我们趋利避害的思维过程早已深深地植根于千百年的物种生存之中。多亏了所谓的现代思维模式，我们才能进化成如今的样子。那些"现代"的思维模式之所以能保留到现在，是因为它帮助我们的祖先在地球上生存下来，并繁衍生息。

这个故事的另一面是关于我们生存的社会世界，它是人们通常所说的"文化进化"的产物。[2]我们即将步入文化进化的长廊。在这里，我们将会认识到反馈不但对于生存来说是不可或缺的，对于我所说的"实用主义的适应"来说也是必不可少的。

生物进化中的适应是一个相当缓慢的过程（太过缓慢以至于我们难以在某个特定的时间段追踪到任何事）。由自然选择导致的适应历时千万年，甚至更长时间。

另一方面，实用主义的适应促使我们适应文化进化的需求和挑战。与生物进化相比，文化进化的速度相当之快。举例来说，最近的几十年，癌症的治疗技术取得了令人惊叹的进步。过去，我们只能采用有副作用的化疗方法来治疗癌症，而现在，人们可以将负载着抗癌药物的微小核糖核酸分子注入人体，使得它能够像巡航导弹一样，精准地瞄准肿瘤，将其消灭。[3]

这个巨大进步的取得，只花费很短的时间。我们有理由相信，在未来的20年内会取得更大的进步。同理，可以想象一下在沟通方式上产生的进步，借助于数码的社交网络、手机和一系列的技术手段，先前阻碍人们相互交流的距离正在消失。而距离消失的原因，是因为我们的大脑创造了能够跨越世界各个角落人们之间物理鸿沟的技术。

类似的故事在不同的领域重复上演，并且它们都是以我们大脑所创造的世界为背景。总的来说，生物进化造就了人类大脑，大脑又催生了永不停歇的文化进化。听起来有点讽刺，不是吗？我们必须适应由进化适应过程中最复杂的主体所创造出的世界。

实用主义的进化指的是我们如何修正自身的想法和行为来适应这个由我们大脑创造的世界。人们无时无刻不在适应，小到看似无关紧要的事，比如，早晨喝哪种咖啡，大到足以改变我们生活的事，比如，住在哪儿，从事什么样的工作，以及是否要孩子。

实用主义适应中最重要的变量就是反馈。每天，我们所做出的决定都基于反馈回路，任何人都不能跳出反馈回路的几个阶段，并且，当我们并不处在意识监控状态时，回路依然保持运行。

不过，凡事总有例外。当我们严密监视反馈回路时，它的运行过程会放慢甚至处于停顿状态，仿佛按下了"暂停键"。当人们唯恐一不小心某事就会出差错时，就会引起大脑的自然威胁反应，使得焦虑水平提高，注意力分散。换份新工作、结婚或者去一个陌生的城市都会引起这种反应。

在上述的情况（或者其他举不完的例子）中，成功并实际适应当时情境的需求会使生活发生天翻地覆的变化。其中，反馈回路中的信息以及掌握信息的方式非常重要。结果阶段的一个错误会把你引向错误的行为路径。一旦走错了路，想改变方向可就难了。

然而，大部分时候我们做出的行为不会产生那么严重的后果，所以还不至于"一失足成千古恨"。但是，无论结果重要与否，我们都得适应挑战，需要并且要依靠反馈成功地适应。

■ 重塑适应性的大脑

作为一门研究大脑活动与行为联系的新兴科学，认知行为科学的横空出世，颠覆了人们长久以来关于大脑的许多假设。在认知行为科学出现之前，人们一直秉持着这样的观点，大脑自我改造的能力极其有限。成人的大脑就如同那才尽的江郎，再无可发展的空间。然而，一些着眼在"大脑可塑性"上的发现相继出现，一次又一次地挑战着固有观点，使得人们不得不重新审视"大脑不可能改变"这一假设。所谓大脑可塑性，往往指的是神经化学水平上的变化，尤其是指突触（神经元之间的连接点，它允许类似多巴胺、5-羟色胺、谷氨酸之类的神经递质在神经元间的传递）在形态和大小上的变化。[4]

事实上，并不是所有的突触都是"可塑的"，但这并不妨碍大脑整体的可塑性，因为研究表明，多数脑区都存在着能够调整特定神经递质的接收和释放的突触。这项发现之所以让人兴奋，是因为它暗示着在不久的将来，大脑能够通过训练，实现惊人改变，其程度可能是人们之前想都不敢想，梦都不敢梦的。举例来说，研究发现，当人们某一部分肢体处于瘫痪状态时，大脑能够通过有意识的训练重塑自身，通过其他神经通路来控制其余健康肢体，进而使瘫痪肢体恢复功能。[5]

在本书中，我们将会弱化神经化学水平（然而我们必须知道神经化学水平是我们将要讨论的一切的基础），将注意力集中在本着实用主义的原则，大脑调节自身使之适应环境的能力上。在我们寻找答案的过程中，我们不经意发现，在印象中固若磐石的性格（"我是谁"的核心）其实一直都在发生着变化。

■ 顽强的适应英雄：人格变化和幸福感

一直以来，在人们的观念中，自出生以来，我们就被打上了某一人格的烙印，更是有这样的俗语："江山易改，本性难移。"[6]似乎自幼年起，无论周围环境如何变化，抑或是我们经历了什么样的世事洗礼，我们的人格就如同被模具定了型，不再改变。然而，在过去的十年间，研究者发现我们的人格不仅能发生变化，并且人格上的变化对生活满意度的影响深远，甚至远远大于我们通常认为的工作、婚姻和居住条件等因素。那么，为什么我们一直都对最重要的"影响者"视而不见？简略解释来说就是，工作、婚姻等是我们生活中显而易见的可变因素，我们就想当然地将它们贴上了"幸福感影响因素"的标签。

在这里，我不打算花篇幅去讨论在过去相当长的时间里，人格变化被忽视的种种原因。因为这种思维错误符合大众模式，甚至直至今日，大众模式在社会科学中依然占据主导地位。我们讨论的中心是，我们对于人格变化了解多少？人格变化与我们对反馈和适应的探索存在怎样的吻合之处？

首先，我们需要讨论人格是什么。心理学家通过五种评价类型来定义人格，这五种评价类型通常被称为"大五"（见图3-3）。[7]

图 3-3　大五人格

"大五"开始并不只有五种类型。人格理论学者高尔顿·奥尔波特（Gordon Allport）假设有 4504 个可以用来形容具体的人格特质的形容词。他把这些形容词分为三大类：

1. 核心特质会主宰一个人的人格。

2. 主要特质会影响一个人的行为。

3. 次要特质只有在特定的情境下才会表现出来。

对于大多数人来说，人格特质如此之多，以至于让人感到混乱不堪，难以操作。最终，另一位学者，雷蒙德·卡特尔（Raymond Cattell），使用一种统计方法将奥尔波特冗长的形容词表缩减为 171 个条目。后来，他又提出了一个 16 人格因素模型。在这之后，又有两位人格理论学者，保罗·科斯塔（Paul Costa）和罗伯特·麦克雷

（Robert McCrae）修正了 16 因素模型，从中挑选了五个关键的人格类型，也就是我们知道的"大五"。[8]

人们通过做问卷，得到一定的分数，判断自己属于哪种人格类型，在特定类型中的分数越高，某种"大五"人格类型在他的人格中所占比重越大。虽然"大五"并不完美，但是这种评估在实际生活中却收到了良好的效果。[9]

比如说，我们能够预测，一个在"开放性"上得分越高的人比在这种类型上得分较低的人更容易接受新的、富有挑战性的观点。在"严谨性"上得分较高的人跟得分较低的人相比，会花更多的时间使一切井井有条。那些在"外向性"上得分较高的人更善于社交和表现自己。

以前的观点是，一个人在任一类型上的得分都是固定的（可能在青春期之后就固定了）。[10] 然而，最近的研究表明，我们在任何类型上都可以做出改变，而这种改变取决于所处的环境。我们可能会突然发现自己为了适应环境，人格已经悄然改变，而自己对这个过程却不知道。

这是否意味着我们能够彻底地发生改变？不，当然不是。因为每个人在不同的人格类型上都受到不同程度的变化阻力，这将会影响变化的程度。并且，由于某些未知的原因，某些人遇到的变化阻力远远高出平均水平。

但是，相对于做出彻底改变，大多数人能够以一种象征性的方式来改变自身的人格，而且这样做会产生比改变外在因素更好的结果。那么人格变化是如何产生的呢？这需要继续我们之前探讨的一个术语——实用主义的适应。首先，我们要判断自身在任何一个特定的人格类型上的局限，然后，本着实用的目的，去打破种种局限。

事实上，研究指出，人格变化与社会经济因素一样（收入、就业、婚姻状况）都是影响生活满意度的重要变量。而且，与主要的人口统计学变量（居住地、子女数量等）相比，人格变化对生活满意度的影响更大。[11]

类似的研究也证明，如果我们花更多的时间去思考我们的"大五"人格，而不是不能控制的外在变量，我们将会变得更好。退一步说，假使我们真的能够控制外在变量，那些改变也触及不到幸福感的核心。现在的问题是，无论我们是否把人格视为一个变量，它都与我们如影随形。用一句古老的谚语来说就是"性格决定命运"。

■ 适应道路上的重点：应变稳态和自稳态

应变稳态与自稳态，这两个相辅相成、同时又相互对立的术语告诉我们人类大脑是如何适应这个千变万化的世界的，并且它们直接对人格产生影响。我们先来谈谈自稳态。

自稳态是指一个系统试图去保持稳定、平衡的状态，而不是从一个极端到另一个极端。著名的生理学家沃尔特·布雷德福·坎农（Walter Bradford Cannon）提出了这个关于生理系统的术语（正如我们所知，大脑正是这样一个系统）。事实上，大脑和身体都是一个生理系统，因此，它们都倾向于自稳态——一个稳定的"舒适区"。[12]

与之对立又互为补充的应变稳态是一个需要适应千变万化的内部和外部环境的系统所必备的，目的就是要接近自稳态。[13]

我们的大脑同时包含了这两种动态。举例来说，大脑在交感神经和副交感神经系统中寻求一种恒定的平衡（在放松状态和警觉状态之间），但是我们从来不会一直保持其中的某一种状态。相反，为了应对外部和内部的影响，大脑会在这些状态之间来回变换（见图3-4）。如果我们长时间停滞于一种状态，那么对我们的身心都会产生不利的后果。比如，刻意延长休息时间会滋生抑郁；而长时间保持攻击或逃跑状态下的高强度应激反应则会使我们的血压飙升。（想象一下如果你把车放在车库里闲置了一年，再次启动会怎么样？又或者你以最高时速在高速公路上飞奔了几个小时，你的发动机这时会如何？）古语云："月盈则亏，水满则溢。"无论是放松还是警觉，过度都不健康。

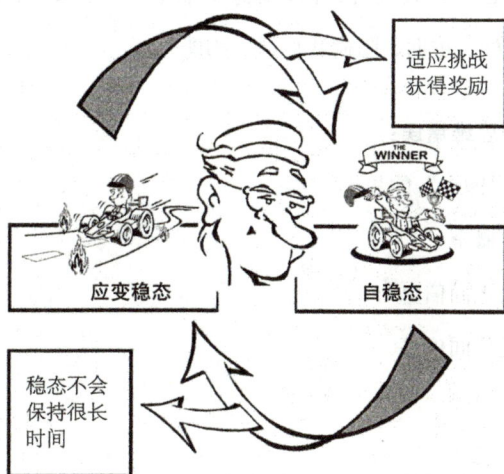

图　3-4

这也就是为什么我们的大脑并非一成不变，但也会处于应变稳态的原因。因为大脑要不断地面对来自内部和外部的挑战、困难和突变，使自身适应。举一应变稳态的最好例子，就是人们如何处理所谓的"思维错误"。[14]

■ 走出思维误区

认知行为疗法（cognitive behavioral therapy，CBT）是一种试图通过改变思维来改变情绪反应的治疗技术。自它问世以来，在心理治疗方面做出了很大的贡献。其中，它最大的特色是认为，由于我们的认知中存着一系列的"思维错误"，使我们不合理地解释了事件，从而导致心理问题，这一切与事件本身没有关系。当我们受困于思维错误的迷宫时，大脑就会错误地解读信息（事实），从而导致反馈回路发生偏移。进而，阻碍我们适应的能力。

常见的思维错误：

- "非黑即白"的思维
- 以偏概全
- 否定正面信息
- 否定负面信息
- 主观臆测
- 宿命论
- 最大化或最小化
- 情绪性推理

- 乱贴标签
- 自找罪受
- 错误比较
- 错误预期

"非黑即白"的绝对思维：思维绝对化，非黑即白，非此即彼，没有折中。"假如一个人过去对我很冷淡，那么他就一直对我很冷淡。""如果我得不到我想要的进步，我就放弃。"

以偏概全：凭借仅有的经验去判断类似的所有事情，就像盲人摸象。"买大排放量汽车的人都不注重保护环境。身上有刺青的人都不是好人。"

否定正面信息：认为发生的一切好事，都是由于运气，坏事才是正常的结果。"如果这次考试考好了，那是瞎猫碰上了死耗子，如果没考好，很正常，因为我不够聪明。"

否定负面信息：如果事情发展不尽如人意，皆是外部原因所致，例如运气不好；反之，进展顺利，都归功于自己的努力。"如果我没有得到这份工作，那不意外，因为老板怕我功高震主，他们想要能力普通点的人。"

主观臆测：即使没有足够的证据，你也认为你能够确定他人的想法。"老板想要提拔我，她肯定心里不忿。我如果跟她说话，她一定故意找碴儿。"

宿命论：在任何情况下，都想到最坏的可能后果。"我要去约会了，但是有什么用呢，我知道我们不可能在一起。"

最大化或最小化：要么高估，要么低估了一个情境的真实性。

"如果斯蒂芬妮拒绝我的话，就证明我真的是一个没有魅力的人，不配得到任何的人青睐。"

情绪性推理：对你的消极感受深信不疑，并据此采取行动。"我感到很愤怒，因此必须让愤怒得以纾解。"

乱贴标签：无视事实，随意地给他人扣上一顶帽子，从此左右以后的判断。"约翰居然戴了耳环，他一定是个轻浮的人。我绝不能信任他。"

自找罪受：认为所有事情都与你有关。"莎拉今天在过道中看到我的时候没有笑，她一定对我有所不满。"

错误比较：没能看到人或事之间的重要差别。"一间大公司的经理和其他公司的经理一样悲惨，什么地方都一样。"

错误预期：没能看到预定目标或问题真实的维度、变量或可能性。"如果我成绩好，我就能获得一份薪水很高的工作。"

■ 思维错误使反馈回路发生偏移

因为反馈回路依靠事实的输入和加工，而这些都会受到错误思维的影响。由一个思维错误引起的不准确的心理过滤可能会将思维加工过程引向歧途。

打个比方，如果你开始做一件事之前就想，要么做到100%，要么就不做，那么你在思维的结果阶段就会变得相当武断，因为你已经决定除非你能完全达到想要的效果，否则你压根就不会着手去做。

这种可能性微乎其微，如果你一开始就秉持着"非黑即白"的态度，那么你会忽略掉能部分实现你目标的可能性。而这种量变的积累，往往到最后能实现质的飞跃。但是由于一个思维上的错误，你已经故步自封，止步不前。

如果你一开始就只是主观臆测，那么你就会以一种扭曲的视角对事实进行加工，得到的结果往往与事实相差甚远。若你一开始就对事件做出"错误预期"，那你要么低估了行动的难度，要么夸大了成功的困难。

为了最大限度地从反馈回路中获益，你要具备一双"慧眼"，只要你出现了思维错误，你就能立即发现并自我反省。很多时候，我们可能会同时出现两个或者更多的思维错误。像"以偏概全"和"非黑即白"的绝对思维，常常一起出现。

■ 思维错误和自动化思想

在思维错误造成破坏之前，很难对它们进行识别和检测。因为它们的原始资源，即自动化思想来源于无意识领域。（还记得在第一章提到的术语"认知"吗，一些无意识的渗透是有用的，但另一些可能是消极和错误的。）每一个人都有自己易犯的思维错误，但是所有人每天不可避免、或多或少都会陷入错误的自动化思想中。

如果思维错误长期存在，会在大脑中形成固定的神经模式。我们可能不知不觉地就进入主观臆测，或乱贴标签，又或是情绪性推理的通路之中，因为这些通路已经在大脑中形成了物理性的结构，我们浑然不觉被牵引着，顺着这些通路进行思考。从这点看，思维错误并不是经过分析的真实性想法，但是一旦具有误导性的自动化思想进入意识空间，占据注意之后，我们就会采取习惯化的行动。[15]

　　因此，我们有必要回顾一下在第一章对元认知和无意识的讨论，尤其是涉及认知的感受和想法的时候，让我们再次看一下下面这幅图（见图3-5）。

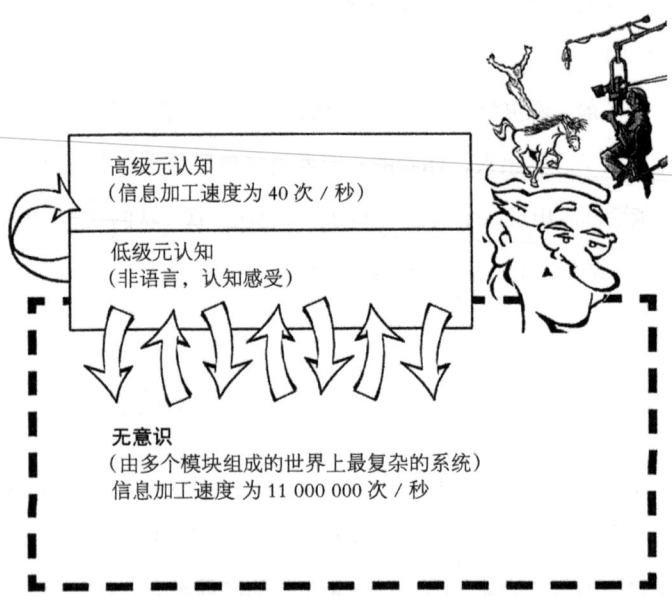

高级元认知
（信息加工速度为40次／秒）

低级元认知
（非语言，认知感受）

无意识
（由多个模块组成的世界上最复杂的系统）
信息加工速度 为 11 000 000 次／秒

图3-5　意识层面的元认知

　　我们的大脑经常产生自动化的想法，消极的积极的都有。依靠现有的科技，人们无法彻底弄明白为什么无意识会制造一堆没完没了的信息，然而，我们知道这种情况会一直持续下去，只有学会有效地控制那些想法，人类才能更好地适应。

■ 使用注意工具来解决我们的问题

我们已经知道，无法阻止潜意识中的自动化想法涌入意识，但是我们可以有目的训练自己集中注意力。认知行为疗法中关于问题解决的原则为注意力训练提供了好办法。

◎ 认知行为疗法中的问题解决原则

1. 仅仅把注意力集中在你能解决的问题上，不要纠结于那些明显不在你能力范围内的困难。

2. 当下只专注于一个问题，并投入 100% 的努力。

3. 关注自身的改变，不要妄想改变他人。

4. 把不能面面俱到作为一个选择。

5. 记住，你不是你的想法。

"你不是你的想法"这条原则至关重要。大脑片刻不停地往意识空间中填塞各种各样的想法，但是这些想法并不能定义你自身。它们是一个正常运转的大脑的自然产物。我们怎样处理那些想法才是问题的关键。[16]

在某种意义上，每一个反馈回路都在解决一个问题。比如说，节食是为了解决除去多余的体重这一问题（或者变得更健康、更漂亮等），更加努力地工作是为了缩短现在水平与未来水平的差距，加强与周围人的沟通能够帮助你及早发现形成和谐关系的障碍，等等。

若我们能够识别思维错误，再使用认知行为疗法中的原则，我们就能够减少思维错误。（这是本书第二部分——"做"中将要详细讨论的工具的简要预览。）

■ 为什么坏事总赶到一起

人们常用"屋漏偏逢连夜雨，行船偏遇打头风"来形容一件事情出错的同时另一件事也出错。同样的，还有成语"祸不单行"。

这些话包含一定的哲理，无论我们承认与否，万物存在着普遍联系。但是这也不能解释为什么坏事总是赶到一起。也许反馈回路能够为这个令人郁闷的事实提供一些解释。

事实上，并不一定是多个棘手的问题同时出现在你的面前，很可能是你进入了一个"困难管理"的思维误区，导致你误解了生活。

不过，我要告诉你一个好消息，你在第一部分所学到的，能够保证你从那些扭曲中轻松脱离出来，并且一旦你掌握了分离，你就获得了我们探索的另一个关键启示——"自我对称"。

■ 寻求平衡

"自我对称"这个术语是指，在关于自我概念的两极——"自我协调"和"自我失调"之间寻求一种理智的平衡，当你以一种自我协调的方式工作时，你认为出现在你意识中的一连串的想法都真实地代表着你是谁。

当你以一种自我失调的方式工作时，你会发现渗透的想法与你相悖（"失调"意味着不和谐）。在这种模式中，你很可能会拒绝这些想法。因为它们与你认为的自己或是想要成为的自己不相符。

用两个简单的陈述来描述两极，就是：

1. "这是真实的我。"

2. "这不是真实的我。"

没有人会单独地执行其中的某一极。我们对想法的反应得"具体问题具体分析"。例如，你很少在公众面前展示自己，但某天，你突然需要在很多人面前演讲，你的脑海里肯定充斥着这样的想法并对此深信不疑，"我肯定做不好，一定会丢人的"。这种恐惧产生了一个自我协调的反应。你会认为那个想法是准确的，因为它代表了"真实"的你。事实上，这些想法根本不对，但关键是，在自我评估的时候，这些想法"看"上去是否真实。如果它们"看"上去是真的，那么它们将继续支配你的意识，你的行为将会跟那些想法保持一致。

另一方面，你也可能早就想要摆脱这些想法，当面对登台演讲的机会时，你会直面这些想法并且指出它们与你想成为的人不相符。在这种情况下，产生的阻碍恐惧想法的反应是自我失调的。那些想法与你心中的理想自我（你希望自己最终的样子）背道而驰。

在上面的例子中，大多数人都认为自我失调是正确的那极，我也赞同这点。但是，核心的问题仍然没有被点破。如果我们把将想法归于自我失调的想法评估过程进行拆解，我们将会发现多个分离的重要时间段。正是在这期间，从潜意识渗透的消极思想仿佛被按下了停止键，被反复思量。元认知发挥了作用，结果改变了。

当你自动地跳到某一级时（要么自我协调，要么自我失调），你都不能对思维进行思考，你仅仅是在不作为。不作为，通常是一条更好走的路。停顿、评估和挑战则是另一条充满艰辛的道路，但是，只有沿着艰辛的道路走下去，我们才能获得两极间的平衡。如果脱离了平衡，我们会受自动化思维的任意摆布，默认脱离"不舒服地带"。

只有从这些想法中脱离出来，理性地判断他们是否反映了事实，才能获得"平衡"。答案不在某一极上，而在两极的对称点上，即元认知空间。

■ 总结：自我对称的人格

本章节很大的篇幅都在处理意识空间的情绪部分。正如我们之前所讨论的，认知心理学中，存在着通过影响思维来改变情绪状态的有效手段。在本书的前几章，元认知的作用是影响我们的思维过程，而思维过程反过来直接影响情绪结果（见图3-6）。

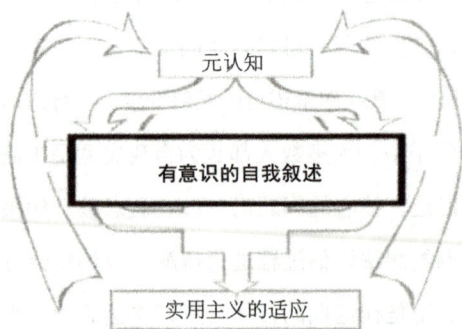

元认知

有意识的自我叙述

实用主义的适应

图　3-6

本章的讨论把我们引向了旅途中的另一个里程碑，自我对称能使人们成功地适应每天出现的、来自外部或内部的阻碍。

具有自我对称人格的人，能够从消极、错误的信息中脱离出来。然而，自我对称并不意味着"冷血"，没有感情，相反，它意味着对影响人们适应力的消极方面的有效控制。

本章小结

在本章中，我们讨论了反馈回路、实用主义的适应、大脑的适应能力以及人格变化的实质。下面是第3章的主要内容：

- 反馈回路包括联系紧密的四个阶段：事实、联系、结果和行动。

- 我们依靠反馈回路来解决大大小小的问题。

- 实用主义适应指的是对挑战、威胁和大脑所创造世界的需要的适应。反馈是实用主义适应的关键。

- 实用主义适应，使我们能在由文化进化的力量所改造的快节奏世界中成功生存。

- 关于大脑可塑性的研究表明，大脑比我们原先预想的更加灵活。

- 大脑可塑性不仅仅是神经化学水平上的，也是人格水平上的，这种说法在20年前难以置信。

- 人格改变与其他外部社会经济和人口学变量相比，更能影响幸福感。

- 了解应变稳态和自稳态，对弄清大脑的适应性能力来说至关重要。

- 思维错误（常常是从无意识中渗透的错误信息的产物），能够使反馈回路发生偏移，阻碍我们的适应性能力。

- 我们到达了旅途中的另一个里程碑——自我对称型人格。

第 4 章

寻迹叙述性线索
剧本化和突显的力量

现在让我们一起回顾一下之前走过的路。我们曾把反馈回路比喻成"适应性大脑的发动机"，并且对一个反馈回路的四个阶段——事实、联系、结果和行动进行了密切的观察，还讨论了这些阶段在认知中的应用意义。

接着，我们讨论了反馈在实用主义适应中扮演的角色。反馈在文化进化中扮演着中流砥柱的角色，使人类经受住了文化进化的风云变幻。所谓文化进化，其实是大脑的产物。而大脑则是千百年来生物进化的产物。相较于文化进化，生物进化的速度十分缓慢。而为了成功地适应文化进化的需求，我们必须掌握反馈的能力。

后来，我们同样地花费一些篇幅去讨论由适

应性大脑创造的奇迹，特别是改变人格因素的能力。尽管几十年前，这听起来如同痴人说梦。但是，现在人们确定人格改变对于幸福感来说至关重要，远远超过了一般的外部因素，比如婚姻状况、就业和居住地。

再后来，在对认知的早期探索中，我们提到了"元认知觉察"，元认知觉察的水平越高，人们对思想和行为的影响力越大。说得更为透彻点，高水平的元认知觉察为我们提供了影响大脑反馈回路群的绝佳机会。

在这里，我们必须明白一点，元认知绝不仅仅是一个理论概念，它更是一个神经实体（大脑的一个物理维度）。我们的元认知能力之所以不同于其他物种的自我意识能力，是因为我们可以仿佛灵魂出窍般，从当前的情境中心智分离，审视自身的思维。像黑猩猩或是大象之类的其他动物只能够通过追踪镜中的动作发现自身，它们发现在玻璃上指指点点，拍拍打打的手不是别的生物的，正是自己的。但是，它们永远也不能从当前的情境中脱离，通过反思自我识别的过程来审视思维。就目前我们所知道的而言，高水平的分离是人类独有的，它使我们拥有了贵为"万物之灵"的能力。

我们将元认知觉察比喻成一名优秀的记者，因为成为一名优秀的记者所具备的条件正是元认知实践的关键：行动迅速；来源可靠；提问准确；持续追踪；报道真实。

我们还探索了心声作为元认知觉察的内部言语晴雨表在行为上起到的作用。关键是，心声是否是由元认知的黑匣子发出的，或者如果它缺少元认知，它是否是由本能的、未受约束的情绪发出。我们将经过训练和未经训练的心声进行比较后发现，训练之后的心声将引领我们走向更加美好的生活。

回顾来时的路，感慨良多，接下来我们将要讨论，所有的这些如何引导我们寻找将它们都连贯起来的线索，也是我们旅途的下一站——有意识自我叙述。

让我们回顾一下第一章的综合图（见图 4-1）。在你继续前进前，需要回想一下之前学习到的。这是中途的回顾，在第一部分的最后——第五章，我们对所有的内容进行综合梳理。

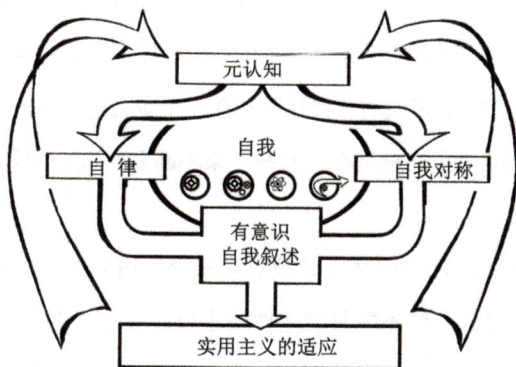

图　4-1

■ 寻迹叙述性线索

哲学家、心理学家、小说家都使用过"叙述性线索"这个词，事实上它们描述的实质是一样的，在成长过程中，我们以一种很相似的方式将多个"自我"整合为一体。使用"我们"而不是"我"

是有深意的。因为有越来越多的研究表明，"我"或者自我身份，实际上并不是一个独立作用的整体，而是一个由相互作用的自我身份结合而成的混合物。这种相互影响有时不太稳定，有时又能够同步。重点是，其中那个统一的"我"是大脑为我们自己量身定做的身份。

为什么从适应的角度讲，这个身份如此重要？因为如果没有一个统一的自我叙述（哲学家丹尼尔·丹尼特称为"叙事的中心"[1]），当我们处理当前情境或挑战时，我们将缺乏一个可为我们提供庇护的内部核心机制。你可能认为这个像棒球比赛中的跑垒员，在跑向目标前不断地"触垒"，而这个目标是最初的进化目的——趋利避害。尽管我们在某些特定情况下会展示出一个稍显不同的"自我"（比如说，你在办公室中表现的"自我"和在一个聚会上表现的"自我"），我们的大脑确保我们总是在"触垒"来不断获得能使我们人格整合的叙述中心。

我们能够通过研究精神分裂患者来分析适应机制有多么重要，精神分裂患者的大脑不能将叙述性线索放在一起，重新获得一种自我的统一感。而这种能力对于普通人来说却很稀松平常。对于他们来说，"线索"零散地分布于四面八方，没有一个核心的控制点可以将它们聚合成整体的自我身份。

你可能会问，那么我们仅仅是多重"自我"的混合体吗？或者说是一个"自我"以不同的方式与周围环境进行互动？答案真的就是如此。目前认知科学发现的最有力的证据显示，我们并不是仅仅一个"自我"（我们是多个"自我"混合体）。然而，大脑出于适应的目的，产生了一种自我的统一感，因为这是保证人类在这个世界上生存和繁衍下去的最好办法。还有就是，我们每个人都有一个正常运转的大脑，保证我们在生活中利用叙述性线索将自我中心化，以及防止我们自我迷失，误将自己归于其他试图混淆视听的"自我"之列。

■ 内化叙述性脚本

"脚本"这个词通常指的是演员们在上台演出之前所参考的书面材料。与我们在加工日常事件时有意识参照的内部脚本相比，我们将某些对象简单地称为"外部剧情设定"不失为一个比较恰当的比喻。

我们所说的外部剧情往往由外部影响力的来源设定——我们的老板、朋友、父母、政府以及教会等。我们每天都处于各种各样设定的剧情之中，除此之外，出于纷繁复杂的目的，我们同时内化了由多个来源提供的脚本。举例来说，为了保住饭碗，我们内化了老板所设定的剧情；因为我们在意朋友的看法，不想在朋友圈失去立足之地，我们内化了朋友们设定的剧情；为了从信仰中获得神秘的力量，我们也内化了教会设定的剧情。

外部剧情设定决定了我们每天所参照的脚本，其既受到外部影响力（其中的绝大多数我们已内化于心）的影响，还受到遗传特性的影响。例如，老板所设定的剧情要求我们在与同事和客人交流时，更加积极主动，但是遵循这样的剧情的前提是，它要与我们害羞的遗传特性相融合。两者谁会胜出呢？是共赢还是满盘皆输？我们没有采用任何"赢"的剧本，而是从实用角度出发，适应了当前情境的需要，改变了我们的遗传剧本风格（心理学家称之为"自然风格"）。[2] 当然，如果我们没能完成实用主义的适应，很可能就无法完成摆在眼前的任务。

说到这，可能你会认为外部剧情设定之所以是一个很重要的"可变部分"，是因为它自动地改变我们处理生活际遇的方式，然而，事实上，大部分时间它并没有那么自动化。我们的老板希望我们变得更加的积极主动，并不意味着我们一定会出于实用的目的去满足他们的需求。我们可能会，也可能不会。相反，在这种情况下，实用性适应的真正意义是意识到这份工作不适合我们。听起来或许有些极端，但是回想一下，觉得又合情合理。多少次，我们硬逼着自己投入设定的情境，结果却是徒劳无功。试想一下，一个人推崇公平率真的交易，但是他却为一个只做表面功夫的机构工作。如果我们一而再再而三地迫使自己适应那些情境，最终我们会崩溃。除了会造成不可挽回的心理创伤，我们也保不住那份工作。

当外部脚本与我们的自然风格相互排斥时，同样的困境还会出现。我们试图去内化外部脚本，但是投入的过程不是痛苦异常，就是烦闷无聊。

不过，大多数人还是挣扎着去扮演脚本中的角色，有的长达数年。我们这样做究竟为什么？有人可能会说，我们必须保住那份令人苦恼的工作，因为要养家糊口。但是当你在工作中耗尽心力，疲惫不堪地回到家里时，你还有什么可以给你的家人呢？他们真的受益了吗？这样的例子不胜枚举，其实质是一样的。有时，实用主义的适应并不意味着找寻一种将外部脚本与我们的自然风格相融合的方式；有时它意味着要找到一个更加符合我们自身的，与先前完全不同的角色。正是如此，辨别外部脚本才非常重要，清醒地看待它们有助于形成最优的决策。如何看待一个剧本（好或坏）让我们明白，如果想要更加充实地生活，适应的方式至关重要。

■ 叙述突显

在神经科学中，"突显"这个词指的是与其他对象截然不同的对象，能够吸引注意并保持关注。[3]突显在自我叙述中起到了不可或缺的作用，因为它充当着使我们中心化的认知磁石。

例如，你刚到一个陌生的城市，渐渐熟悉了城市的街道，认清了主要的地标，结识了周围的邻居。在这个崭新的环境中，你会变成一个"崭新的你"吗？或者换个问题，在一个陌生的城市，一切事物对于你来说都是陌生的（与你之前生活的城市完全不一样），你会做出改变来适应新的一切吗？

毫无疑问，答案是否定的。相反，你会将这份陌生整合进你已有的自我叙述中。是什么使你能够完成这一切却没有迷失自我（心理上的迷失，而非迷路）？答案是进化。你的大脑已经识别这个陌生地方突显的一面，并将它们融入已有的神经网络中。换句话说，你的自我叙述借助强大的进化力量得到修正，同时，没有扰乱它原本的线索。[4]

自我叙述总是在变化，这种变化或是小到不易察觉，或是大到令人瞠目结舌。叙述从来不是静态的，正如我们在之前的章节所讨论的，大脑从来不是一成不变的，人格也从来不是生而定型的。尽管并非时时都能体验到变化，但是我们永远处于变化之中。并且这是件好事，没有必要害怕。

■ 重回反馈

在第一章中，我们讨论了作为适应性大脑发动机的反馈回路，在这里，我们可以举一反三，以同样的方式去了解自我叙述和突显的作用。

你可以想象一下大脑中正在进行的反馈回路的加工过程（每天，你清醒的时候都在运转），那么你就对自我叙述有了一个大致的模型。我们对同样的动力系统采用了不同的语义表达。为什么要这么做？简单来说就是，仅仅用大脑的反馈回路这种说法有些落入机械论的范畴，不足以形容一个具有如此多维度的对象，其中会忽略许多细微差别。但是，无论我们使用什么样的理论框架，关键词都是"适应"。

请注意，利用元认知来影响大脑反馈回路的目的是增强对各种挑战、阻碍以及目标的适应性反应。

还要注意，自我叙述是一个整合了外部性设定和突显的不断变化的过程，同时也是适应的过程。现在的内容与之前有些重复，但是也为我们的主题提供了更加丰富的观察视角。

无论我们使用反馈回路这个术语，还是自我叙述这个术语，我们都到达了物理学家称为"主向量"的地方。

■ 总结：有意识自我叙述

这是我们探索之旅途中的一座丰碑，它之所以能在探索中留下标志是因为它集之前的发现于一身。

当我们有效地利用元认知去影响反馈回路时，我们有意识地影响了自我叙述（见图4-2），并且我们培养了实用性适应的更强大的能力。我们不能控制偶然事件的发生，但是我们可以利用适应的力量使能力发挥最大效能。在某种程度上，我们积极地书写着自己的故事，朝着理想化的结局，而不是任由世事发展，无动于衷。

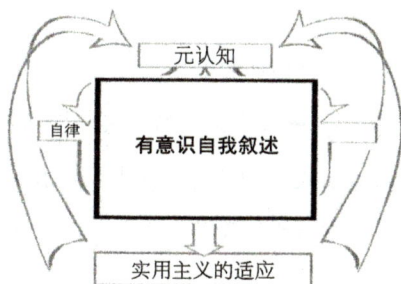

图　4-2

本章小结

第4章的主要内容：

■ 哲学家、心理学家以及小说家都使用过的"叙述性线索"，实际上描述的是同一事物，在我们的生命历程中，如何将多个"自我"以一种极其相似的方式整合在一起。

■ 我们体验自身的时候都是作为一个"我"，而不是"我们"，这充分说明叙述性线索的必要性。因为感受"我"是出于本能，以至于我们很少觉察到这一事实。

■ 在生活中，既有内部叙述性脚本，也有外部叙述性脚本。它们在很大程度上影响着我们。很多时候，我们遵循着脚本的要求，却不自知。

■ 突显在自我叙述中起到不可或缺的作用，因为它充当着保持我们中心化的认知磁石。

■ 叙述从来不是静态的，我们的大脑从来不是一成不变的。人格也从来不是生而定型的。尽管并非时时都能体验到变化，但是我们永远都处在变化之中。

■ 这一部分是探险之旅途中的一座丰碑——有意识自我叙述。

第 5 章
循环相连
精神世界

我们对第一部分进行一下总结，现在是时候
俯瞰心理空间的地图（见图 5-1）了，追寻我们曾
经的足迹。为了避免重复，下面我们采取一种稍有
不同的方式，聆听一段记者和探索者之间的对话。

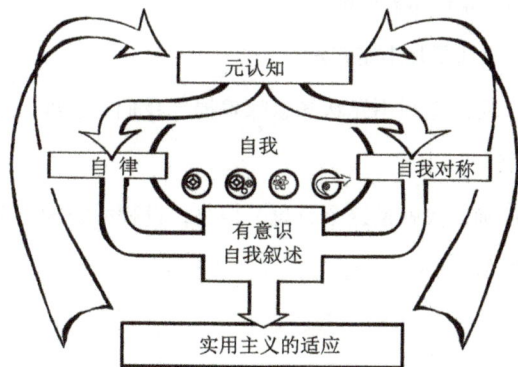

图　5-1

记者：请告诉我们这次探索之旅的起点。

探索者：我们从图的顶端，也就是元认知开始，字面上的意思就是"对思维的思考"。

记者：这是不是哲学家阿尔贝·加缪所描述的"智者就是时刻观察自身精神世界的人"？[1]

探索者：可以这么说。但是，我认为在这种情况下，我们可以把"智者"这个词换成"一个优秀的思考者"，因为它更接近我们的主题。理解了元认知表明开始成为一个优秀的思考者。

记者：请解释得详细些。我认为大家都是"思考者"，如何才能成为一个"更加优秀的思考者"？你是指变得更聪明吗？

探索者：你刚刚用了"更聪明"这个词，但是对于我们所讨论的太狭隘了。当我说我们想要成为更加优秀的思考者的时候，我指的是，当我们试图完成一些有价值的事时，我们想要更好地利用大脑来解决这个过程中产生的问题、挑战或者阻碍。

记者：什么事情才是值得做的呢？

探索者：例如让生活更加丰富多彩。

记者：你是说，充分地利用元认知意味着提高我们的思维，过上更加有意义的生活？

探索者：非常正确，我就是这个意思。但是，过程并非像一个总结性的话语那么简单。

记者：比如？

探索者：我们的大脑像一个模块化的加工系统那样运转，可以把这个系统想象成由一个庞大的反馈回路群带动。向系统中输入信息（也可称为"事实"）并评估它的相关性。如果相关，下一个评估就要根据这条信息确定行动或不行动的结果。如果做出行动的决定，行动就发生了。

记者：然后呢？

探索者：行为的后果作为新的事件回到反馈回路中，如此反复。

记者：有意思，但是这与元认知是怎么联系起来的呢？

探索者：问得好！元认知是影响反馈回路最有效的内部手段。换句话说，我们的大脑具备了从心理上与思维上分离的能力，那样的能力确保我们在反馈回路的加工上能施加一定的影响。

记者：你是说我们可以利用元认知完全地控制大脑？

探索者：这是一种很普通的错误观点，有时也称为"内省错觉"。我的意思是我们能够利用元认知在思维上施加更多的有意控制。这个区别很重要，因为大脑的大部分加工不是在所谓的"意识空间"中发生的，而是发生在一个巨大的无意识空间中。

记者：为什么？如果能控制在无意识中发生的事，听起来似乎会很有用。

探索者：假想一下，你关闭了控制人体活动的无意识加工模块，转而采用有意识推理控制。你将不得不花费精力去控制你所有的肌肉活动，包括对身体所有神经信号的反应，保持心脏跳动、肺部呼吸以及消化系统正常工作。你不得不通过思考完成这一切。

记者：难以想象。

探索者：这就是为什么我们采用无意识控制的原因。这只是冰山一角。无意识的信息加工速度可是 11 000 000 次 / 秒。

记者：那意识空间呢？在那我们可以做什么？

探索者：有意识加工信息的速度最快可以达到 40 次 / 秒。这跟无意识相比真的是沧海一粟，但就对反馈回路施加影响而言，绰绰有余。但是，我们不能期望随心所欲地控制无意识。进化并没有使我们具备这种能力。

记者：能不能举个有意识的例子。

探索者：我们想要增强元认知觉察的主要原因是加快意识空间的信息流通速度，并且当信息处于意识空间时，能够对它加强控制。

举例来说，有段时间，你内心备受煎熬，想要找出你不断怀疑自己的原因。你可能把这种情况称为自我意象问题，而它对我们树立或是完成新的目标造成了很大的阻碍。每天，自我怀疑的想法不断地在意识空间中涌现，同时，你总是以一种情绪的方式对之进行反应。你自我感觉很糟，并且，由于感觉很糟，你对任何有价值的事都提不起兴趣，更加加重你的自我怀疑，如此周而复始，陷入恶性循环的怪圈。

你压根没有意识到，你的大脑陷入了一个消极思维的反馈回路中。你之所以没有意识到，是因为你身在问题之中。你真正需要的是，从问题中抽身出来，以理性的视角去审视消极思维反馈回路。只有以这样的立场，你才能够有意识地评估接下来会怎样，而不是不停地反刍所有消极的想法。此时，你化身为一个睿智的分析者，正确地判断接下来该怎样做才能扭转反馈回路。

记者：真有趣，但是那听起来还是有点机械论，不是吗？

探索者：从某种意义上说，它的确是机械化的，因为大脑和身体从某些方面来说是会说话的有机机器。但是这只是个有助于理解我们自身的比喻，它不是一个具体、绝对的定义。另一个比喻是"自我叙述"，简单地解释一下这个过程，就是你自己有意地去改写在你心里正在上演的自我怀疑的"脚本"。但是，"自我叙述"这个比喻没有元认知来得重要，因为元认知不是一个虚拟的、理论的概念，它是一个神经事实。

记者：你的意思是它能够让我们过上想要的生活？

探索者：没错，那也是实用主义适应的本质。人类的大脑是自然界中不可估量的适应奇迹，它们利用类似于元认知等手段来增加适应性能力。每天，我们都本着实用主义的目的去适应世界（社会、文化），并且，我们发现，在摸索的过程中，我们能够借助大脑巨大的适应力量来改造生活。

记者：那么如果沿着这条探索之路走下去，可能会出现什么样的里程碑？有没有什么值得一提的高峰？

探索者：我们惊奇地发现，当我们试图掌握如何利用元认知来控制大脑的适应力时，你刚才所说的"里程碑"就出现了。人们将会体验到三种很重要的影响，更加自律、更加自我对称、更加有效的自我叙述。

记者：能不能详细地解释一下这三种影响。

探索者：自律，指的是人们自我意识将达到一个更高的水平。有研究表明，自律能够带来诸多益处，像是高度的创造力、强大的应用能力以及解决问题时的应变力。

自我对称，指的是人们能够从阻碍他们达成目标的想法或感受中分离出来。

有意识的自我叙述，指的是人们将会变成"脚本"的评论者、编著者，在他们自身的叙述中施加更多的有意控制。

记者：然后呢？

探索者：他们会成为更加合格的适应者，并且实用主义适应的结果会加强这一过程。正如那句老话所说，"成功孕育成功"。或者更加准确地说，是"适应造就成功"。

记者：很棒的谚语，用在这里非常合适。最后一个问题，接下来你们要做什么？

探索者：这是最简单的问题了，你刚才已经替我们回答了，我们要去"做"。

BRAIN CHANGER

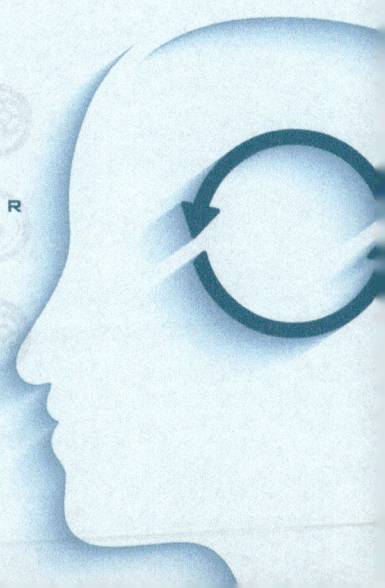

做

BRAIN CHANGER

第6章

想法箱

30种改善思维的工具

在本书的这一章，我们从理论走向实践。显然，30个工具对于改变我们的思维是远远不够的，但是，这是个很好的开始，可以起到抛砖引玉的效果。我希望这里出现的工具能够对思维方式的改变开一个好头。

我将本章中出现的工具分为四大类：

个人——处理我们的内部世界、个体心理空间问题的工具。

外部——处理内心世界与外部世界的冲突的工具。

联系——处理人际关系，我们的思想如何影响他人，又如何被他人影响。

生物化学——这类工具催化引起思维和行为改变的生物化学变化。

对每类工具进行描述之后，会形成一个浓缩了其中精华的大脑改变法则（brain-Changer principle, BCP）。（这是我总结的，我也希望你能从中获得新的体会。）

工具	个人	外部	联系	生物化学
			应用	
1. 使用意识楔	√		√	
2. 使用习惯改变的黄金法则来转变你的行为	√			√
3. 用信念对目标进行严格审查	√	√		
4. 嚼口香糖	√			√
5. 为你自己写讣告	√			
6. 有目标不过度	√	√		
7. 了解情绪体验的反馈回路	√	√		
8. 同步的有意识和无意识动机	√		√	
9. 寻求心灵上的整合	√			
10. 加强周期性的静心活动				
11. 挑战你的判断式启发法				
12. 补充葡萄糖，增强自制力	√			√
13. 学会停止想法	√	√		

（续）

工具	个人	外部	联系	生物化学
			应用	
14. 即兴的大脑共振	✓	✓	✓	
15. 总在做事中	✓	✓		
16. 睡眠充分，防止大脑过热	✓			✓
17. 支持自我	✓		✓	
18. 保持韧性	✓	✓	✓	
19. 对失败进行评估	✓			
20. 时刻关注你的化学阈值，特别是酒精	✓	✓	✓	
21. 研究热爱自己事业的人	✓			
22. 提高你的想象力	✓			
23. 增大文化投入				
24. 开始阅读挑战性书籍，观看挑战性电影				
25. 思考你的成就以及对他人的影响	✓	✓	✓	
26. 了解自我管理的要素来提高表现	✓	✓		✓
27. 用身体管理心智	✓			✓
28. 向元认知先锋学习	✓	✓		
29. 将自己置于可怕的失去体验中	✓			
30. 总览心智的 12 种表征	✓	✓		

1. 使用意识楔

人类通过改变内在的心态，来改变他们生活的方方面面。

——威廉·詹姆斯

在我们所掌握的最基本的元认知工具中，其中一个是在进行下一个动作序列之前"暂停"的能力。这种能力已经以多种方式在各种心理学文献中得到描述。《心灵骇客》的作者罗恩和马蒂·黑尔·埃文斯将这种能力称为"语义暂停 / 语义停顿"，并且根据持续时间和深度对其进行了划分。他们使用"策略性暂停"来描述一个"低水平"的即时停止，而"沉思性暂停"来描述一个"高层次"的脱离，这种脱离使得个体可以在行动之前更深入地进行思考。这种能力有时也被称为"认知暂停"，这主要是为了强调我们在自己的意识空间中使用这种能力这一事实。这是一种对立型思维，可以产生闪烁的红色认知停止信号以阻止我们进行下一步。[1]

但是，据说意识楔总是未被充分地使用。如果将其广泛应用，它既能预防产生破坏性结果的行为，又能促进产生建设性结果的行为。用黑尔·埃文斯的话来说，"它使意识进入一个特殊状态，要么将我们唤醒，要么让我们平静下来澄清事实"。例如，当你在与一个同事讨论一个有争议的话题时，你会发现，随着各自努力阐述自己观点的时候，气氛逐渐紧张了起来。此时，策略性暂停可以给你一点小小的时间去思考，你接下来将要说出的话会是做出建设性的贡献还是仅仅火上浇油。在你连珠炮似的说出下面的话之前，插入一个即时的意识楔，可以防止不必要的情绪爆发及其不可避免的沉重后果。

较长持续时间的意识楔，是你在高阶决策（例如买汽车或房子、结婚或者换一份新工作）中思考接下来的思维行动时需要进行自省的。我们通常认为自己在重大决定前，已经做到了这一点，因为它消耗了我们很多的心理能量。但是需要注意的是，大量的心理能量和在特定决策上定向的慎重聚焦的能量之间有着显著的不同。对一些事情仅仅花费很多时间思考并不能保证我们所有的痛苦加工会产生最好的结果。而使用意识楔并不意味着我们停止思考，而是重新审查我们对于当前情况是如何思考的，进而调整我们的心理能量。这也许会使得我们将决策细分为更小的部分，思考去处理每一部分，进而实现整体。或者意味着我们会重新考虑最初的动机，正是它驱使着我们追求一直以来认为是理所当然正确的结果。

如果我们发现很难质疑自己的动机，就更加需要练习使用短期或长期的意识楔。一次勇敢的谦让，需要我们停下来重新考虑是否"赢得"争论是最好的结果。同样需要的是面对停下来并且质疑自己当初做出重大决策的原因时产生的逆境（伴随有恐惧和焦虑）的意愿。不过，这样做不管是从短期还是长期来看都关系重大。

改变大脑的法则（BCP）：即使在强烈的压力下，我们也有短时间或长时间暂停思维能力，它是我们在采取下一步行动之前重新进行评估的一个宝贵的机会，这个看似基本的能力影响意义非常深远。

2. 使用习惯改变的黄金法则来转变你的行为

成功就是从一个又一个失败走来，而不失热情的能力。
　　　　　　　　　　　　　　　　——温斯顿·丘吉尔

我们反复地重复一个行为，直到它不再引起意识的注意，这时候我们就可以认为它成了一种"习惯"，因此，也可以认为习惯是一个反馈回路。正如查尔斯·杜希格《习惯的力量》一书中所描述的那样，习惯反馈回路由三部分组成，引发行为的线索、行为产生的程序以及我们从行为中所得到的好处。[2]

例如，你可以这样拆分吸烟的习惯，线索是紧张，程序是点燃一根香烟，好处是神经兴奋（因为尼古丁实际上是一种兴奋剂）进而消除紧张。而喜欢吃甜食的习惯可以拆分成，线索是焦虑，程序是吃一个甜甜圈，好处是通过进入血液的葡萄糖暂时抑制焦虑。

习惯改变的"黄金规则"（由杜希格提出并且进行了多年的研究验证）认为，要改变一个习惯，你必须聚焦于程序，而不是线索或者好处。以吸烟为例，你并不能消除紧张（线索），也不能通过消除神经兴奋的欲望来减轻紧张（好处）。反馈回路中你可以改变的部分只有程序。用喝咖啡新程序来代替吸烟的旧程序也可以提供相同的好处——神经兴奋。（当我们谈论类似吸烟的化学程序时事情会变得很复杂，因为尼古丁会使人在身体和心理上成瘾，重要的是要记住在一个新的程序在替代旧的程序之前需要反复地施行黄金规则，而且，对于不同的个体，它所花费时间段也是因人而异的。）

那么对于与化学物无关的习惯呢，像在一天紧张的工作后躺在沙发上看好几个小时电视之类的？在这里，线索是紧张，程序是坐着看好几个小时电视，好处是精神紧张得到缓解。在这种情况下，我们的处理方式可以更加灵活，因为几种不同的程序都可以代替看电视，而且新的程序也许并不会完全取代旧的，但它足以改变原来的习惯，产生更好的结果。比如，散步一个小时，然后看一到两个小时的电视可以作为一个新的程序替代在沙发上坐好几个小时。

无论习惯是怎样的，关键在于我们可以把问题的核心——程序放进心理意识空间并且改变它。首先选择一个你想要改变的习惯，然后一直努力下去直到成功。另外，要记住的是，那些你想要改变的根深蒂固的习惯，从一开始就带有无意识的行为，而且对于你、我或者其他任何人来说都很难去预测这一习惯的持续时间。这样想，你把起重机降到无意识中然后钩起一个在持续的反馈回路上运转很长时间的程序。调节你认为自己可以尽快改变程序的期望，但是不要放弃认为自己可以的希望。研究很清楚地显示，如果你一直坚持下去，你是可以的。

BCP：了解习惯的工作方式使我们有能力改变它们，这种改变需要以现实的、务实的方式进行而不是以不切实际的、虚假的方式。它将会使我们的大脑和生活产生真正的变化。

3.　用信念对目标进行严格审查

如果一个人充满自信地朝着梦想前进，努力地去实现他想象的生活，他将会获得一个意想不到的成功。
——亨利·戴维·梭罗

对于能量来说，大脑既是贪婪者同时又是吝啬鬼。[3] 说它是能量贪婪者，是因为它消耗了身体中循环的约 20% 的血糖；说它是吝啬鬼，是因为没有充分的原因它不会让身体消耗更多的能量。在这里，"充分的原因"被定义为一个带有适当成功机会的目标。大脑通过分配更多的精力去完成在我们面前的任务，有时候必须得"点击选择"。那些事情发生在我们的心理意识空间，它就是所谓的信念。

我们玩世不恭的文化使得信念变得像笑话一样，但是我们的大脑却一点也不觉得好笑。事实上，不管我们多么想贬低信念（或信仰者），它仍然是我们所能使用的最有力的元认知工具之一，可是我们却不顾危险而忽视它。大批的研究证明了一个简单的事实，我们只有相信自己能够完成，才会分配资源来做这些事。

在《最强大脑》(*Maximum Brainpower*) 一书中，什洛莫·布雷斯尼茨和科林斯·海明威提出信念的动力既可以为我们提供支持也可能给我们造成阻碍，因为不管希望还是绝望都只是信念的一种。绝望是我们在所处的形势不能改善时所产生的信念，而我们一旦接受这种信念，大脑就会将能量从改善当前境遇的行动上转移走（因为我们认为行动是徒劳的），使能量进入消极反刍的漩涡，助长了向下的螺旋。绝望会引起更大的绝望，这就是为什么在临床上它被公认为是最有可能导致自杀的心理状态。用信念来结束自己的生命，也许听起来很荒诞。[4]

希望是我们相信不管发生什么我们当前的境遇都可以并且一定会改善。而当我们完全接受这种信念，我们的大脑会调用大量的心理能量以确保能够得到希望的结果。用布雷斯尼茨和海明威的话来说，"希望和绝望都是自我实现的预言"。

所以当你回顾人生目标时，问问自己，你有多么坚信自己可以实现这些目标？我把这称为"严格的信念审查"，它是必要的，因为你不会骗自己。努力地使问题进入心理意识空间并且严密地进行观察。你所发现的是好的、坏的，还是丑陋的，最重要的是，对于每一个目标你都能在信念中找到空间。在这个过程中，你可以减少清单，确定哪些目标根本不值得完全的投入信念。

记住，这是一个审查（自我审查，诚然也只是一个审查），但是它却不一定是打发时间最愉快的方式。然而，如果你不认为自己对多大程度上真正相信自己会成功负责任，你就不能开发可用的所有系列的心理资源。把你的大脑想象成一个投资者，你正在给它推销你的项目并希望注入大量的资源，但是要实现这一目标的唯一途径就是说服这个吝啬的投资者充分地承诺。你给这位投资者推销所在的平台刚好就是你的意识空间，而信念审查正是你如何准备以赢得投资。

BCP：信念对于大脑的改变来说非常重要，没有信念，你的大脑就不会提供实现你脑海中目标的资源。

4. 嚼口香糖

小事情孕育大希望。

—— 约翰·伍登

当你排队为食物付钱的时候，你会相信你距离一个强有力的神经化学催化剂不过只是一只手臂长度的距离吗，而且它的成本甚至低于任何一片抗抑郁药？它正是奇妙的、美味的、让你口腔做运动的口香糖。似乎不可能成为认知科学研究对象的口香糖，原本具有的特性是瑞格理先生绝不会想到的。

研究发现，口香糖对记忆、警觉性、减少焦虑、抑制食欲、情绪和学习有帮助。人们也已经在显微镜下对口香糖的属性，例如它的味道、质地和密度等进行了细致地考察。

研究口香糖的预感，来自嚼口香糖可以使更多的血液流向大脑，并可能进而引发其他重要的影响。例如，英国卡迪夫大学进行了一项研究，对口香糖的潜能进行横跨多个领域（学习、情绪、记忆和智力）的综合考察。该研究发现，口香糖咀嚼组在嚼口香糖时其警觉性和智力表现显著提高，而记忆没有表现出显著地改善。

另有研究发现，通过嚼口香糖似乎可以改善记忆的某些方面。特别是对于即时和延迟的单词回忆来说，改善效应非常明显，然而其他的效果却没有。2011 年一项研究发现，在考试之前咀嚼口香糖可以提高成绩，但在整个测试中嚼口香糖却没有这一效果。原因可能是因为口香糖可以活跃大脑，一些口香糖研究人员称为"口香糖咀嚼引起的唤醒"。事实上，就向大脑输送更多血液而言，嚼大约20 分钟口香糖等同于温和的运动。而在活跃大脑的阶段之后持续地嚼口香糖就需要过度的咀嚼工作了，而这样会燃烧过多的能量，抵消掉产生的益处。[5]

研究还发现口香糖是一种非常有效的焦虑克星，尽管其中的原因还不是很清楚。例如，一项 2009 的研究发现，在实验室条件下嚼

BRAIN CHANGER
第二部分 做

口香糖导致降低皮质醇水平（皮质醇也经常被称为"压力荷尔蒙"）和减少整体的焦虑。[6]

这很可能是真实的，处方抗抑郁药有一个包裹在铝箔中的便宜得多的竞争对手在等待被咀嚼。在东京进行的一项研究表明，长时间嚼口香糖能激活大脑的一部分（前额叶皮层的腹侧部分），并引发一连串的效应，使得个体产生较少的抑郁情绪。事实上，总的来说口香糖似乎会引发"疼痛性反应"的抑制，行话大致可以译为"大脑中的疼痛"。[7]

的确，这些效应的原因仍然带有一点推测性，但大量的研究指出咀嚼口香糖的好处是不可忽视的。我们可能还不知道它为什么有益于大脑，但很少有事情比扔块口香糖在嘴里嚼一嚼更加简单、便宜和低风险了。

BCP：嚼口香糖是一种典型的改变大脑的工具，几乎所有的人都很容易获得并且去尝试。研究表明，在你能够做到的可以给大脑一个神经化学促进的所有事情中，它可能是最简单的。

5. 为你自己写讣告

> 语言，对于人类来说，是最好的良药。
> ——拉迪亚德·吉卜林

自己给自己写讣告，猛一听上去，一定觉得这么做的人肯定受了什么刺激，但是这的确是种难以置信的、有助于明确自我的练习。事实上，它是"矛盾疗法"的形式之一，并且能够达到"一箭多雕"

的效果。首先，它迫使你以一种旁观者的眼光去看待自身，因为你会自然而然地以讣告宣读者的身份来起草讣告，力求真实、无误。其次，在写的过程中，你会有意识地回忆起一些潜藏在记忆深处的片段，并将其置于意识空间中。再次，讣告对于你来说，是生命中最后一份关于"你是谁"的记录性总结，正如那种老话"人之将死，其言也善"，此时的你会表现出最大限度的诚实。

同时，自写讣告也挑战着你的自我叙述（这可能是最重要的目标）。正如本书第一部分讨论的那样，自我叙述是将所有的人格要素串联在一起的线索，也是你之所以会说"我"而不是"我们"的原因。我们的大脑发展出这种能力有着充分的理由，即人们无法有意识地去接受自我中相互矛盾的方面。如果被迫接受的话，可能会面临心理崩溃或控制感丧失的局面。当你撰写讣告时，你会不由自主地思考："我在别人眼中是什么样的人"，"我自认为是什么样的人"，"我想要成为什么样的人"。

最终，这个讣告将使你成为人生最后一场考试的监考官（一场所有人都要经历的考试）。尽管详细地讨论死亡并不好，但是接受死亡是正确看待生命中所有事情的一种基础体验。当你重新回顾你的生活时，现在看起来不能承受的事可能就没那么重要了，并且，现在的某个方面可能会吸引你更多的注意。

开始的时候，可以定下一个字数目标，就 500 字吧。首先，要仔细想想你希望别人知道的你，是一个什么样的人。但是，不要像王婆卖瓜，自卖自夸，你不能有技巧地隐藏自己的缺点。接着，以一种你喜欢的方式描述自己，但是一定要全面。即使你结了四次婚，抑或是坐过牢，但是，那也是你经历的一部分，要如实写下来。你可以写很多个版本的讣告，从中挑选一个最真实简练的自我叙述。然后，把它放在一边，之后的每个月，都拿出来修改一下，增添一些新的内容，生活在继续，你也在变化。你会对记录下的变化感到吃惊。说得更准确点，是惊讶于自我观点的变化。

BCP："万事开头难"，刚开始写讣告时，内心可能会备受煎熬，但当你投入之后，你会意识到，自此之后，你的视野发生了翻天覆地的变化。

6. 有目标，不过度

凡事都存在联系，单独做某件事，反而做不成事。
——查尔斯·狄更斯

信不信由你，很多时候，人们总是走得太远，而忘了当时出发的目的。动机确实是成功的必要条件，但是，并非动机越强，成功的概率越大。一项名为"金钱窒息"的研究证实了这一规律。在这个研究中，研究者对在"吃豆人"游戏中表现良好的参与者给予金钱奖励，并且通过不同数额的奖金引发参与者多种的动机水平。按照原先的假设，最高数额的奖金，引起的动机越强，成功的概率越大。然而，结果令人大跌眼镜，想要获得最高数额奖金的参与者大多都失败了。[8]

在参与者玩游戏时，研究者通过功能性核磁共振对参与者的大脑进行观测，结果发现，想要获得最高奖金的参与者，其大脑奖励中心（与寻求奖励相关的大脑脑区的总称，比如钱或者其他类似的物质奖励）的活动水平达到峰值。同时，他们的错误率也是最高的。在这些高风险参与者的大脑中究竟发生了什么，引起了这种古怪的反应？

后来人们发现，奖金的诱惑使得多巴胺（关于奖励的神经递质）像洪水般席卷了整个奖励中心。就像克里斯·伯蒂克在书《大脑密码》中解释的那样，多巴胺意味着"动机显著性"（由美国密歇根大学生物心理学家肯特·贝里奇提出），它将一个纯粹的奖励预期转化为获得它的动力。所有人都需要借助多巴胺才能将"想"变为实际的行动，但是大脑的奖励中心会因如洪水猛兽般的多巴胺阻隔了正常的评估和控制能力而变得不堪重负。这就是发生在想要获得最高奖励的游戏参与者脑中的情景。他们是所有参与者中犯错最多的（也是钱损失最多的，这与他们的愿望背道而驰）。

用贝迪克的话来说就是："有目标的人才能成功，但过度狂热的人，往往以失败收场。"[9]

尽管解决起来相当困难，但是有研究表明我们确实具备在多巴胺淹没奖励中心、使扭转局面变得更加困难之前，将其关闭的能力。不过，这是一个关于意识的挑战，因为从某些程度上来说，大部分的动机是无意识的。也就是说，人们其实并非清楚地知道自己为什么要去完成一个目标。然而，好消息是，我们能够通过思考奖励反馈回路的要素，对目标进行一定程度的控制。就像了解如何给汽车加满油一样，当我们了解反馈回路的工作条件时，我们避免目标设定过高的概率就大大提升了。并且其中至关重要的一个条件就是，我们能够感知和预期达成目标的好处。在许多情况下，预期与实际的好处并不成正比（尽管乍一看，"实际"的好处并不明朗）。我们怎么知道我们预期的奖励是否与实际的奖励相符？我们不能肯定，但是有意识降低期望将会降低回路运转的速度。如果我们打消100%预测奖励好处的念头，一切会更好。

BCP：动机对于成功来说是必要的，但是过度狂热，就有违初衷。我们要弄清楚这两者之间的阈值在哪里，避免跨过界线。一点药剂量可以消除病痛，但是并不意味着双倍的分量就会产生双倍的效果，过犹则不及。

7.　了解情绪体验的反馈回路

所有令人感到积极向上的情绪都是纯粹的。那些复杂的情绪只会抓住你生活的一部分，让你心态扭曲。

——赖内·马利亚·里尔克

我们可以使用一个反馈回路来追寻人们的情绪反应体验，就像我们在本书中讨论过的其他动力系统那样。不过，相较于其他动力系统来说，情绪体验是一个相当复杂的反馈回路。

第一个要素就是背景感受——情绪基调。心理学家大卫·沃特森和李·安娜·克拉克把它称作情感流。[10] 情感流既可以是积极的，也可以是消极的，还可以是中性的。你可能一大清早起床就感觉很糟，但又说不出所以然来（俗称的"起床气"）。或者你可能发现自己对一些新经历没来由地感到特别兴奋。这两个都是情感流设定了我们日常情绪背景的例子。

情感流引起了另一种水平的情绪强度——心境状态。心境比情感流更加强烈，且会持续几个小时、几天甚至更长时间。一个人的心境会影响到他周围的人。如果你某段时间很焦虑，其他人一旦感受到你此时的心境状态，就会对你避而远之，因为你正在使他们焦虑（一种得到广泛研究的心理学现象，"情绪感染"效应）。抑或，如果你一直都很乐观，那么周围的人就会被你吸引，因为你的自信点燃了他们的激情。

心境状态将会引起最强烈的情绪体验水平——一种情绪的开端。情绪和"情绪体验"并不是一回事，情绪是一种因对诱发物做出反应而产生的一种具体的、短暂的活动。诱发物既可以来自外部世界，也可以来自内心深处（比如回忆起以前的创伤事件）。对外，情绪会产生一系列的身体表情和面部表情，对内，会产生一种主观体验，这种体验将决定我们下一步的"行为倾向"。

行为倾向指的是激进、绝望、防御、愉快、原谅或恐惧等具体的反应。情绪的强度指的是你在情绪上投入了多少注意，并且当情绪足够强烈时，你可能受其摆布。正如谢利·卡森博士在《你的创造性大脑》中写的那样，一种由完全受到情绪影响的控制叫做"情绪绑架"，如果人们处于"情绪绑架"状态，可能会产生愤怒、恐慌和极度的绝望，这将会导致暴力行为、神经崩溃和自杀行为。在这个节骨眼上，行为倾向俨然变成了"行为命令"，并且一旦发生转变，我们对由情绪控制的行为束手无策。[11]

通过了解情绪反馈回路中的关键点，我们能够在到达行动命令阶段之前有效地采取有意识的控制手段。举例来说，在一种心境状态的开始阶段，我们可以插入一段空白时间，自我反思一下为什么我们会感到失落、高兴抑或其他。在这个阶段，一个消极诱发物可能把我们置于一个危险的情绪领地，也可能相反，我们如此地自信，得意地高举着红旗，向全世界昭告我们的胜利。重要的是，我们要做的并不是要去避免体验强烈的情绪，而是要竭尽全力预测我们的情绪状态会往哪个方向发展。

要做到这点并不容易，已有的心理学文献中随处可见预测失败的例子。但是，不能无差错地预测，不代表我们放弃尽最大努力预测可能的结果，如果在心境阶段，我们能够调整我们的想法，更正情绪轨道，那么就能为防止不合时宜的消极或积极行为付诸实施。只要功夫下到位，我们就能够更好地控制情绪体验，并非减弱情绪的强度，而是调整情绪状态，使之能获得最优的结果。

BCP：情绪体验不是一个单独的加工过程，它是由一系列的反馈加工组成的连续的过程。弄清楚上一个加工是如何引起下面的加工，能够保证我们在正确的时间改变思维结果。

8. 同步的有意识和无意识动机

对于人们来说，怀疑一切和全盘信任是同样轻松的事情，因为这两件事都不需要反思。

——亨利·庞加莱

同步的有意识和无意识动机是采取元认知控制来改善结果的重要部分。要达到这种目的，有几种方式，一种是心理学家兼行为经济学家丹·艾瑞里在《不诚实的诚实真相》这本书中提到的，艾瑞里运用"创造力的阴暗面"来阐释具有创造性的大脑，以一种服务我们自身的方式重新解释输入的信息。讽刺的是，正是这种能力促使人们想出新的点子，解决棘手的问题并且找到通向目标的"最初路径"。[12]

用艾瑞里的话来说，就是"把创造性的心智用在工作上，能够书写我们自己的故事，我们一直都是英雄，从来不是反派。"然而，困难的地方在于，一方面我们希望能够获得积极、理想的结果，另一方面又受到创造力阴暗面的影响。艾瑞里将之形容为"紧要关头"。为了帮助人们安全渡过这个点，他总结了一下说谎的原因。艾瑞里的研究列出了八个造成谎言的主要因素：

1. 合理化的能力。

2. 利益的冲突。

3. 创造力。

4. 不道德的行为。

5. 感觉无望。

6. 从谎言中获益。

7. 看到他人的欺骗行为。

8. 充斥着谎言的文化氛围。

同时，艾瑞里还列举了四个减少谎言的因素：

1. 誓言。

2. 签署协议。

3. 道德提醒。

4. 监督。

最后，他指出了两个对谎言似乎没有任何影响的因素：

1. 赚钱的多少（很多人对此感到难以置信）。

2. 获罪的可能性。

在这种情况中，元认知不会因为创造力的"阴暗面"而将其整个舍弃，而是对艾瑞里研究中提到的促使人们说谎的因素严加注意。他的工作，犹如一道强光，照亮了无意识和有意识动机之间原本昏暗不明的桥梁。举例来说，我们没有意识到感到筋疲力尽会无形中加大说谎的可能。如果知道这个，我们就能根据艾瑞里列举的减少谎言的因素，找到把道德提醒嵌入日常生活的方法。道德提醒可以是日常计划中的实际提醒，也可以是你经常参考的心理注释。艾瑞里认为，我们对自己撒谎的次数要远远高于对他人说谎的次数。在我们陷入谎言的怪圈之前，知道如何辨别自我欺骗是他研究中至关重要的一点。这是一剂苦药，也是一个很难使用的工具，但是相较于由于不能意识到使我们不诚实的思考和行动的潜在因素而陷入谎言模式的旋风中相比，又没有那么困难。

BCP：施加元认知控制必须揭开无意识动机的面纱。要做到这点并不容易，但是使用一个谎言探测工具有助于发掘被忽略的自我服务动机。

9. 寻求心灵上的整合

万物并作，吾以观复。

——老子

心理学家兼作家，丹尼尔·西格尔，通过阐明什么是"心灵整合"（心理中能量和信息的整合）来帮助人们理解心智。[13]

所谓能量，指的是采取一种行动的能力，可能是类似于动动胳膊之类的简单动作，也可能是更复杂的行动，例如提出一个奇思妙想。信息能够标记除它自身之外的任何事情。举个例子，一块石头本身并不是信息，但是"stone"（石头）这个词却是信息。我们的心智必须辨别和分析"stone"这个词中的字符，从而使它具有实际的意义。

西格尔的原话是："我们的心智调节能量和信息，使我们感受到这两种心智体验形式的实际存在，并对其采取行动，而不是迷失其中。"

他认为，当我们理解能量和信息的调节不仅仅产生于大脑和神经系统之中，也产生于我们的心智与他人心智相互作用之中时，整合就达到了。换言之，整合是相互关联的。

也就是说，心智不仅仅指的是大脑的工作，更准确地说，是大脑在社会和文化的大背景下进行的工作。心智是相互的，而不是一个个体的概念。了解这些，使我们更加清楚地知道为什么我们的心智会受到他人想法的影响，以及为什么我们能够影响他人。心智的动态关系并不是发生在头颅之中，且能量和信息的流动是相互作用的。

BCP：没人是一座孤岛，心智不仅仅局限于大脑，请记住他人在你心智中发挥的作用。

10.　加强周期性的静心活动

偶尔让心灵放松一下，生活会更加美好。

——贺拉斯，罗马诗人

我们大脑的命令中枢，前额叶皮层，在长期的进化中成为听觉的反射区，其接收的信息往往是以声音的形式出现。这种声音不仅仅指的是外部声音，还有来自大脑的噪声。

在《语言改变大脑》这本书中，安德鲁·纽柏格和马克·罗勃·瓦德门建议人们培养内在的宁静，那么在他人说话时，我们就不容易分心。

这里所使用的元认知工具具有双重作用，试图同时消除外部噪声和内心杂音。与内心杂音相比，外部噪声更容易控制一些。你可以使用多个工具只为了营造一个实际的安静空间，这种工具也可以是声音本身。戴上耳机，单曲循环着一首歌，大脑慢慢地进入一个"ß"波状态，这种状态最适宜冷静地思考问题。[15] 这很大程度上是一个不断尝试的过程，你要去发现究竟哪种歌曲对你最起作用。对我而言，最好的歌曲是那些轻音乐或者歌词已经熟悉得不能再熟悉的歌。并且，当在咖啡厅里实施这种技术时，效果更是锦上添花。我喜欢咖啡厅的惬意氛围，但是偶尔出现的杂音却大煞风景。因此，我常常戴着耳机，坐在咖啡厅，循环播放着一首钟爱的曲子，周遭一片静谧。

为了培养内心的宁静，你同样可以尝试各种各样的方法，诸如冥想之类的。但是，就我个人的经验而言，阻隔外部噪声和培养内心宁静之间是共生的关系。宁静，并非单纯指的是"远离喧嚣的环境"，而是精神上融入这些噪声的稳定状态。尝试使用不同的技术，直到你找到对你来说最有效的方式，然后保持一段时间的"宁静"，最终你就能够集中你的注意力了。

BCP：周期性的内部和外部的静心活动，对于增强注意、提高聆听的能力非常重要。有时，你必须想方设法走出内外部噪声笼罩的混沌状态，否则，只能淹没在其中。

11.　挑战你的判断式启发法

过去的想法造就了现在的你，以后的思想将塑造未来的你。

——詹姆斯·爱伦

无意识中最厉害的动力系统，就是认知科学家称为"自动化"的部分。简单来说，自动化是我们大脑用来完成事情的捷径。尽管有意识的行为能够促使人们的技巧日臻成熟，但是，在上述情况中，自动化让我们获得了最大限度的便利。

有个很典型的例子能够说明这个动力系统的作用——"路上的蛇"。想象一下，你正走在一条幽静的山间小路上，突然发现，前面的空地上好像盘卧着一条蛇。此刻的你来不及想，立即跳到一边。事实上，在你跳开之前，并不确定地上的物体真的是一条蛇。平静了几秒钟你才注意到，路中间的物体没有任何活动的迹象。然而，你小心翼翼地上前，结果发现那只是一根细长蜷曲的树枝而已。

在上面的例子中，发出跳开命令的捷径是一种由进化而来、已在大脑中固化的判断启发法。它的作用就是保证你的生存（或者增大你生存的概率）。当大脑启用这个捷径时，能够保护你不会过快或过近地接近可能的危险。

一方面，这种启发法的好处不言而喻，它是人们生存的保护伞。另一方面，它常常受到来自文化的绑架。假如你遇到了一种产品，声称能够提高机体免疫力，抵抗多种病毒和细菌的侵袭。你的第一反应肯定是去买。诚然，谁不想要这类的健康卫士呢？但是，如果你仔细思考一下，发现那种产品根本不存在，与其花钱买它，还不如走路锻炼身体。病毒和细菌在这个星球上出现的时间比我们早的多，即使人类消失了，它们恐怕还会存活好长时间。想想看，我们现在都无法根治感冒。这种产品实际上是利用我们对健康不假思索的欲望，来驱使我们打开钱包。

BCP：判断式启发法对我们的生存来说不可或缺，但它同时诱使我们做出错误的决定。了解什么时候这种启发法被利用可以改善我们的思维，优化结果。

12.　补充葡萄糖，增强自制力

我的过失，我的失败，不在于没有热情，而在于我缺乏对它们的控制。

——艾伦·金斯伯格

如果你经常苦于自制力太薄弱的话，就放一杯加了糖的柠檬水在手边。当你感觉快要放弃的时候，用它来漱口，就会获得坚持下去的力量。

这个结论来自《心理科学》(*Psychological Science*) 杂志刊发的一篇最新的研究报告。[16] 佐治亚大学的研究人员招募了 51 名学生，让他们做两个测试自我控制力的任务。第一个任务是要求他们把一整本《统计年鉴》上所有的字母 E 都圈出来。以往的研究已经证实，这个冗长且沉闷的任务会极大地消耗人们的自我控制力。实验者参与的第二个任务叫斯特鲁普任务 (Stroop task)，屏幕上会闪现许多表示颜色名称的单词，但是这些单词的字体的颜色和词义表达的颜色不同。被实验者需要立刻说出屏幕上单词的颜色（较困难）而非是词义（较简单）。

在斯特鲁普任务开始之前，一半的学生用放了糖的柠檬水漱口而另一半学生是用蔗糖素漱口。结果发现，用含糖水漱口的学生在对颜色而非词义的反应速度方面要大大快于用蔗糖素漱口的学生。

为什么会是这样？柠檬水中的葡萄糖似乎只要接触到舌头就会激活大脑中的认知动机中枢，因此，在完成高难度任务时，这就等于是给大脑一个助推力。

"研究人员曾经认为，葡萄糖是必须要喝下去，进入到人体之后才能给人以额外的能量来提高自制力。"这篇报告的合作者佐治亚大学心理学教授莱纳德·马丁 (Leonard Martin) 说："这个实验发现，葡萄糖能够激活舌头上的'糖感应器'，然后就会向大脑中与自我控制相关的认知动机中枢发送信号，这些信号就是在给身体以提醒。"

由于葡萄糖是大脑的主要能量来源，因此，快速摄入的糖分能够提高注意力，这一点很容易说得通。但是研究人员认为，这个实验表明，糖分的作用不仅仅局限于提供能量支持。

"（糖分）不仅能够提供能量，还可以令你将全部精力集中在手头上做的事情。若要完成需要一定自制力的任务的话，全神贯注地投入对你来说是必不可少的。"马丁说道。

马丁这段话背后的理论依据就是"情感强化物"。这种强化物（比如糖）可以令人全神贯注于自己的目标，当人们感觉要放弃时，这类强化物也会加强内心的自我控制力。比如说，当你在健身房里感觉快要不行了的时候，它能帮你再多坚持半个小时。

"在抑制身体自主反应方面，比如读斯特鲁普任务中的单词；或是在不逃避困难任务方面，比如说出单词的颜色，葡萄糖的效果似乎相当显著。"他说："它能够加强情感投入以及需要自我控制的目标的完成。"

BCP：这个工具对于大多数人来说，就像嚼口香糖那样简单。研究表明，一点点的葡萄糖，对我们大脑来说足以了。现在只需漱下口，就产生了巨大的变化。

13.　学习停止想法

我们不能用创造问题时的思维方式来解决问题。
——阿尔伯特·爱因斯坦

控制有意识的想法是元认知工具箱中必不可少的能力。它同时也是保证元认知成为一种强大的内部力量的源泉。这其中包含了两种至关重要的技术，暂停想法和延迟思考。

暂停想法是临床心理学常用的一种行为技术，用来帮助患者控制焦虑、愤怒和恐惧。尽管实施这种技术有很多种方法，但我最推崇的还是谢利·卡森在《你的创造性大脑》中描述的，准备一些小卡片和一支笔。[17] 使用上面的方法时，一旦你注意到那些特殊的想法，你就能命令自己立即暂停。命令既可以是言语上的，也可以是心理意象。言语的命令包括：

"别往那方面想。"

"这些想法对目前的处境毫无帮助。"

心理意象包括一个"停止"的标志或是举起了"停止"的牌子。

卡森认为，最好当你的头脑中有了不喜欢的想法并把它们写在小卡片上之后，再对自己下这些命令。她还建议，可以在卡片上写六个命令，把卡片一分为二，一边四个，一边两个。之后，随身携带卡片。时间一长，那些命令和意象就会形成对消极想法的自动化反应。然而，这些技术使用起来需要花费一些时间。首先，你每次都要花几分钟来使用一个命令或心理意象。随着你对它们的控制越来越娴熟，所用的时间会越来越少。

丹尼尔·亚蒙博士，在他的书《幸福人生，从善待大脑开始》中讨论了关于许多大脑扣带系统的研究。扣带系统的功能是使注意从一个事物转移到另一个事物上，无论这个事物是有形还是无形。[18] 即使扣带系统受到极轻微的损伤，人们也很容易陷入负性思维的怪圈中。或者说，人们的心智进入了一个功能失调的思想回路中。

根据亚蒙博士的研究，我们要是想克服这种扣带系统的功能失调，首先要做的就是，注意你自己什么时候分心了。我们必须意识到自己处于回路之中。"无论什么时候你发现自己的想法在不断循环，一定要想方设法从中脱离出来。行动起来，做些什么。"

BCP：学习暂停想法是一件难度系数很高的事。但是研究也表明，只要不断地认真练习，认知工具能使大脑华丽蜕变。因为这个工具真正地把握了适应的精髓。

14.　即兴的大脑共振

你的勇气，决定了生活的状态。

——阿娜伊斯·宁

也许你体验过类似的情景，正在开车，突然注意到旁边的车似乎遇到什么问题，停在一边。你看见他们的车一半陷入洞中，而另一半却露在机动车道上，情况很危险。当你看到这个场景的时候，很能感同身受。

所以现在你要做一个决定了。要么径自走开，让那人自生自灭，要么选择雪中送炭。考虑之后，你决定伸出援助之手。你把车停在事故车和后来车辆之间，想要营造一个暂时的庇护所，让司机能够安心地把车从洞里拉出来。但是，他可能并不认为你的所作所为是在帮他。相反，他很可能认为，你停车是因为觉得他阻碍了交通，在找碴儿。所以，澄清你的意图非常重要。当有车经过时，你可以从车中走出来，走到司机旁以示你在帮忙。司机打开窗户，挥手致意，表示他明白了你的心意。

当然，旁边的人可能会很不理解，他们会狂摁喇叭，大声吵闹，对你和事故车司机做手势。然而，这都不要紧。当你决定给予帮助，并身体力行这一决定时，你大脑中的信念与那个司机就保持一致了。你相信提供帮助，成功地帮到别人，即使让你冒点风险，也是值得的，并且你的信念正在弥合两个你之间的沟壑。如果没有你的帮助，那个司机是否能够脱离困境呢？也许会，也许不会。不过，这都不是关键。这个例子真正要说明的是，无论什么时候，你都在使你的思想和行为，和帮助他人的信念保持一致。你开始了一个与他人大脑的即兴共振。并且，你通过这样做，向他或她的大脑中灌输了一种信念：成功是可获得的。

有句俗话叫做"将爱传出去"，现在看来，确实有着的神经生物学基础。当我们目睹了助人行为取得成功之后，我们的大脑就会对这类事件进行标记，作为我们具备这种能力的证据。换句话说，成功地帮助他人，会转化为一个奖励。我们在之后的生活中，会寻找机会再次获得这种奖励。在某种特定的意义上，大脑得以从这种体验中发展。

下次，如果你有机会，创造一个与他人大脑的即兴共振，抓住机会。当你帮助他们时，你也在帮你自己。

BCP：尽管站出来帮助他人可能感觉到不太舒服，但是我们从中获得的益处不仅仅是提高认知能力那么简单。

15.　总在做事中

并不是因为困难，我们才不敢。而是因为不敢，才困难。
　　　　　　　　——吕齐乌斯·安涅·塞涅卡

如果你感到不堪重负，很可能就是你大脑内部的危险警报系统在发出信号。当一下子发生太多事，或是一个项目有太多方面需要处理的时候，大脑就会释放压力激素，提醒神经系统，生活已偏离正常轨道了。这种神经化学的中断常常会造成精神麻痹。"太多"往往可以理解为"太冒险"或者"太危险"，并且此时你将会体验到大面积的系统停歇。苏联心理学家伊万·巴甫洛夫（你可能听过他让狗分泌唾液的实验）把这种倾向称为"超限抑制"，当我们的神经系统面对他所说的"高唤醒"时几乎是处于关闭的状态。

如果想对这种情况进行补救，就要遵循我们的心理倾向。尽管我们希望找到一些消遣使我们从令人窒息的能量包围中挣脱出来，但是另一个策略更具有可操作性，那就是改变我们对问题的看法，寻找解决问题的新方法。最好的选择可能是最容易被忽略的，即无论何时，重新开始。这是一种从思维上的策略性变化，能够根除精神麻痹。

策略性的思考原则是形容本节工具的另一种方式。策略主要由两种选择组成：①我们选择做的；②我们选择不做的。关键是你得同时做到这两点，选择离开限制你的因素扎堆的地方，并且从其他地方重新开始。哪里并不重要，只要你能在那儿培养你的关注点，取得进步就好。一点进步也是一种成就，同时成就会催生更大的进步。持续地坚持这个原则，用不了多长时间，你会发现自己重新回到了目标的轨道上，这个目标在不久之前，像滔天巨浪一样把你拍打在沙滩上，让你难以翻身。通过使用策略性原则，你发现了不被巨浪打败的方法，并且重新掌握这种立于浪尖的能力。其实，这种能力一直都存在（并不是使用这个工具后才具有的），但是你不得不在最需要它的时候，通过特定的原则使它为你所用。

BCP：策略是种选择，通过践行策略性原则，你能够脱离令人不堪重负的因素汇聚的地方，根据新的关注点，将自己置于问题的不同面。关键是，你一定要一直做事，不要让力不从心的感觉阻碍你的进步。如要你不那么做，你会让那种感觉变为现实。使用你大脑的适应性能力来改变观点，重新寻找关注点，使能量源源不断地流向目标。

16.　睡眠充足，防止大脑过热

我想要休息，放慢赶路的步伐。

——西奥多·罗特克

我们直觉上认为睡眠非常重要，而一系列关于睡眠的健康效应研究也证实了这一观点。当我们没有得到充分休息时，我们的大脑会怎样呢？有研究表明，如果缺乏睡眠，大脑内的神经细胞就会乱成一团。在某种意义上，如果我们剥夺了细胞必要的休息时间，它们就会出现过热现象。

由意大利米兰大学的马尔切洛·马西米尼（Marcello Massimini）

带领的研究团队做过这样的实验：他们向被试大脑释放一种强大的电磁流，引起了神经细胞一系列的电反应。通过安装在被试头皮上的节点，研究人员测量了额叶皮层电反应的强度。同一批被试经过一个晚上的睡眠剥夺实验，第二天再次接受同样的测量。

结果发现，被试的电反应在一晚无眠之后显著增强了（从这个层面上来说，"增强"意味着更加混乱，不受控制）。但是，如果他们当天晚上好好睡上一觉，隔天再进行测量，发现结果与第一天无异。可见，睡眠确实会影响细胞的活动。

倘若你正在饱受失眠的折磨，可能是由以下几种原因造成的。[19]

◎ 阻碍睡眠的因素

1. 房间不够黑

理想状态下，你的房间应该没有一丝光亮，尤其是来自电视或是其他发光电器的光线。当你的眼睛在黑暗中接触到光时，大脑会误以为现在是起床时间，进而减少褪黑素的释放（褪黑素是由松果体释放引起困意和低体温的一种激素）。发光电器产生的光线影响最大，因为它们像极了太阳光。

2. 过晚还锻炼

如果你睡前三小时还锻炼的话，新陈代谢速度就会加快，心率会提升，夜间容易惊醒。尝试将锻炼改在上午，最晚不要迟于傍晚，那样，你能一夜睡到天亮。

3. 太晚饮酒

人们通常认为酒精会引起睡意，但事实上它会影响我们的深度睡眠，使得你在第二天会觉得更累。你可能在饮酒之后感觉到困，但那维持不了多久。

4．房间温度过高

当你睡觉时，你的身体和大脑想要降温，但是如果你的房间太过温暖，就会阻碍降温过程。在房间里放台风扇是个不错的选择，因为它不但能够保持凉爽，还能产生有规律的白噪声，催你入梦。不过，房间温度也不能太低，要不然你也冻得难以入眠。

5．体内的咖啡因

咖啡因的半衰期是五个小时，意味着在你喝完一杯咖啡 10 个小时之后，你体内仍残留着 3/4 剂量的咖啡因。并且，我们大多人一天不止喝一杯咖啡，很多人还在晚上喝。因此，如果你要喝咖啡的话，早点喝吧。

6．看着钟表

如果你半夜醒来的话，不要看表。事实上，你最好把床头的钟调个面，那样你就看不到时间了。当你习惯性地看钟时，你正在把你的生物钟往错误的方向调整，并且，不久之后，你将发现你会在每天凌晨的 3∶15 分准时醒来。

7．看电视直到入睡

这是个很不好的习惯，主要有以下几个原因。首先，看电视会刺激大脑活动，这与你的目的背道而驰。其次，电视发出的光会提醒大脑要清醒。

8．深夜仍在思考问题

一旦我们在深夜惊醒时，跃入脑海的头一件事就是我们正在担忧的问题。此时你能做的就是，阻止自己继续深入思考，并换一个比较轻松的事情考虑一下。一旦你陷入焦虑的循环中，你会一直清醒到天亮。

9. 睡前进食

蛋白质需要很大能量才能被消化掉，如果你在睡前进食，那么即使你试图睡觉，消化系统也在不停工作，让你难以入睡。如果你真的饿了，最好只吃少量的碳水化合物点心。

10. 睡前抽烟

抽烟者认为抽烟就是在放松，但是这是个神经化学的诡计。事实上，尼古丁是刺激物。如果睡前抽烟，你整晚估计会醒来好几次。就像睡前喝了杯咖啡一样。

BCP：睡眠对于运转良好的大脑来说，至关重要。如果你总是失眠，思维必会受损。严格遵循以上建议，你每晚至少能安稳睡上六个小时。

17. 支持自我

想要了解自我，首先得自己支持自己。

——阿尔贝·加缪

处于平衡中的大脑（不是从一个极端到另一个极端）展现了一系列外在的特质。这其中的一个就是自信。像其他大脑改造工具一样，自信是一种必须学习的技巧。尽管与其他特质相比，它可能出现得更为自然，但是，与其他两种常常被表达的倾向——激进和被动相比，人们对它的倾向较低。

在《掌控你的心灵》这本书中，心理学家吉利安·巴特勒和托尼·霍普认为自信提供了三种重要的平衡：[20]

1. 激进与被动之间的平衡。

2. 你自己和其他人之间的平衡。

3. 反映和反应之间的平衡。

"平衡"这个词是关键，因为在上述三种情况中，自信不能完全取代其中一种或另一种的位置。实际上，它恰如其分地包含了两种状态。举例来说，自信与反映无关，却与反应有关。它取得了一种平衡，因而人们的反应可以不受反映的限制。但这并不意味着你要牺牲他人的利益来成全自己。自信会让你在保留自己感受与观点的权力和他人同样拥有的权力之间取得一种平衡。

不过，也会有失去平衡的极端情况出现，此时，人们仅仅倾向于某类行为或某类问题解决方法。用巴特勒和霍普的话说："专制者和受气包都受到权力的控制。一个处于控制中，一个被控制。"极端情况是固化思维的产物。通过行为的执行，他们表现得极为呆板。

另一方面，自信衍生出灵活。"自信开辟了更多可能的道路，将我们引向更加美好的适应之路。"巴特勒和霍普这样说。在自信的心智状态下，你能够意识到你的需要、欲望、感受和其他人的需要、欲望、感受一样重要。

巴特勒和霍普提供了一个非常有用的"自信权力"以供参考：

我有这个权力

- 说"我不知道"的权力

- 说"不"的权力

- 有选择的权力并可以表达出来

- 有表达感受的权力

- 有权做决定并对结果负责

- 改变心智

- 有权安排我的时间

- 犯错的权力

总的来说，自信权力这张表表明了你的自由。同时也提醒你，其他人拥有同样的自由权力。

BCP：呆板的思维对适应造成了阻碍。同时，灵活的思维促进适应。为了最大限度地从适应能力中获益，我们不得不取得行为的平衡（例如自信）。因此，我们要学习必要的技巧去避免思维和行为中的极端情况。

18. 保持韧性

我们必须集中力量去应对真实的生活。

——西蒙娜·德·波伏娃

马克·希曼博士在《超意识解决之法》这本书中，为一种最重要的大脑改造工具——韧性，做出了准确地描述："韧性是种适应着去改变且难以测量的品质，它总能适应改变的浪潮，而不是被其淹没。具有韧性的人看杯子总是半满，并且知道如何把柠檬变成柠檬汁。"[21]

希曼认为"可塑性"是韧性的同义词，正如他所指出的，大脑反射出了我们的想法、信念和态度。"一个呆板、僵硬的性格必定反映了呆板、僵硬的大脑版块，缺乏更新、记忆和修复的能力。"

希曼的研究告诉了我们韧性具有怎样的能量，以及它成为重要工具的原因。首先，适应本身就是韧性的动态形式。说我们要实用主义地适应人生的高潮与低谷就意味着，我们过去、现在、未来都不能被任何挑战打败。

这里，我们要加入一个现代的术语——顽强，韧性需要顽强。有了顽强，任何事情都无法阻挠我们前进的脚步。这并不是某款运动鞋的广告语，这是影响着所有人的进化现实。如果你一直盯着一个目标，你的所有行动肯定都围绕着它，即使最后不一定能够达成，至少也会很接近。有人曾说过，如果你向着太阳奔跑，至少也能跳到月亮上。

在消费者至上的氛围中，韧性不具有优势，因为营销活动传递的都是极度积极、过分个人主义的信念。我们的大脑接受了这些信念，并认为它们很大程度上是对的。但是，我们并不会因为穿上了著名牌子的运动鞋或是运动服而变得更加坚韧，或是更加顽强。

但是，我们确实能够通过实现韧性的适应性优势而变得更加坚韧。举例来说，了解大脑能够对灵活性思维良好反应，却不能有效地回应化思维使我们朝着思维的更大灵活性方向努力。反过来，上述结论通过我们逐渐体验到的积极结果得到验证，也就是所谓的

"概念验证"（此处借用工程学术语）。

　　BCP：记住，灵活性促进了适应性的大脑改变。韧性主要指的是灵活性，离开了灵活性，你无法驾驭大脑的适应性力量。

19.　对失败进行评估

　　生活就像2缸引擎，却产生了440马力，随时有可能出问题。

——亨利·米勒

　　在这部分中，我列举了失败的10种原因。希望读者们对这10种原因都能仔细进行思考，衡量一下你可能符合其中的哪种。这种做法将会帮助你开启思维转换之门。所以，千万不要讳疾忌医，相反，你需要积极地探寻思维改变之路。[22]

1. 你缺乏所有必要的信念要素

　　人类大脑是一个强大的机器，能够解决问题并对未来进行预测。正如我们之前所讨论的，它借助多重反馈回路得以正常工作。从整个过程来看，信息输入对反馈回路的影响最大。信息进入回路之后，开启了分析—评估—行动过程，最终产生了一个结果。举个形象的例子，你如果输入了一个"取得目标"的信息，其中却缺乏至关重要的信念要素，那么这个回路一开始就缺少动力。换种说法就是，当你不认为你有机会达到目标，你又怎么能期待一个成功的结果呢？

2．其他人使你相信你的"位置"

"知道你在生活中的位置"是人类创造的几大害人想法之一。我只喜欢田纳西·威廉斯的阐释："只有拥有历经苦难后，依然优雅的勇敢才能位于生活的顶端。"大爱田纳西·威廉斯。然而，比"知道你在生活中的位置"这种想法更要命的是，这种想法常常由周围的人强加给我们，并且他们让我们相信，我们就是这样的，最好就这样生活，并且一直都会这样。真的吗？谁说的？把写有预定位置的书给我看看。如果人们把这样的想法作为反馈回路的输入信息，那么结果永远都是不尽如人意，并且一直恶性循环下去。

3．你不想成为一个破坏者

在最近的几年里，"破坏者"这个词具有了丰富的含义。阅读了市面上的心理学和商业畅销书籍之后，我甚至都不能判定它究竟是个褒义词，还是个贬义词。但是有一点可以肯定，大多数人都没有破坏一切的念头（类似于水滴石穿）。破坏往往意味着人们要暂时放弃以往的连续、稳定和确定性，使固化的内部防御系统处于高度的警觉状态。然而，有时，你不得不无视警报，勇往直前。如果你不那么做，你永远不知道下面会发生什么。

4．"如果明天我死了，怎么办？"

我们所有人总是一次又一次地思考这个问题。并且，每个人都有明天死去的可能。与其整日浪费时间想这种难以确定的事，倒不如仔细地思考一下你究竟想要什么。你是想作为一平庸的人死去，还是具有拼搏精神的人死去？这就涉及我们要讨论的下一个问题。

5. 你总是想知道是否有人记得你

上文的冲突很简单，如果你明天就去世了，人们会认为你是一个追求平淡生活的人，问题是这真的是你想要的吗？据我所知，那正是许多人期望的，因为在讣告中，他们常常会得到这样的赞美："他是一个好人，好朋友，好……"好确实不错，但好不等同于伟大。如果你光沉溺于好，你永远也无法获得伟大的成就。想要知道如何才能被人记住本身并没有错，但千万不要让"好""不错""稳定"这类想法影响你所有的反馈回路。

6. 你认为生活一定有着事先的定位

这点同样提到了上文中所讨论的"位置"，但与之相比更为深入。人们倾向于相信心理学上所说的"动力"，认为凡事皆有原因，一切事物都有着最初的动力。因此，我们在想，是否有原因使我们成为现在的样子？是不是冥冥之中自有定数，安排了我们的生活这样发展？很明显，这里存在一个思维错误——动力是大脑为了应对困难而创造的幻象，而你的生活只有一个真正的主宰——就是你自己。

7. 你的事业很稳定，这很好，对吗

是的，你的事业非常稳定，可能听起来真的不错。但问题是，很稳定是你真正想要的吗？也许是，并且这点会让其他人羡慕不已。然而，如果"稳定"意味着你不能突破已经被设定好的参数，去获得你真正想要的东西，它对你来说，就是一文不值。跟人生中很多事一样，这是个人选择，没有所谓的对错之分。不过，你也应该知道，假如你做了这种选择就预示着你这辈子不可能取得什么伟大的成就。

8．你害怕失去已经拥有的一切

这种恐惧似乎合情合理，但是我们应该把它从头脑中尽快剔除掉。事实是，即使你没有犯错，也有可能天降横祸，让你瞬间一无所有，既然如此，为什么要让恐惧阻止你去争取真正想要的东西。这跟"我明天可能会死"的想法如出一辙。是的，我们会死，也会失去。但那又怎样呢，勇往直前就好。

9．"也许我已经到达顶峰"

伟大的现代管理学之父，彼得·德鲁克（改写自他发表于《哈佛商业评论》上的经典文章——《自我管理》）曾经说过："如果你遇到事业上的瓶颈，并且认为很难再取得进步，这恰恰昭示着你人生新阶段的开始。"他后来又补充到，在你开始新阶段之前，应该好好地做一番规划。这其中的秘诀在于，忘记顶峰，专注于成就。但是当你使用顶峰做借口时，你将原地踏步，再难有所建树。

10．何去何从的困惑

这点对于我来说是这 10 点中最困难的。因为我总是受到它的折磨。加强关于成就的反馈回路只是一方面，如果离开了专注力和前进的方向，所有的能量到最后将一无所获。我的经验是，有时你不得不让能量自主流动，看专注点能否自己出现。一旦出现了，你可以以一种更加有序的方式，将它往你的目的地方向培养。

BCP：思考造成人们经常失败的这 10 种原因，并确定你符合其中的哪一条或哪几条。然后，调节你的适应性思维。

20.　时刻关注你的化学阈值，特别是酒精

酒精之所以能对人们产生巨大的影响，毫无疑问是因为它激发了人性中的神秘力量，但常常被清醒时刻的冰冷事实和厉声批评击得粉碎。

——威廉·詹姆斯

当你的血管中充满了伏特加，你能想象会发生什么样的事情吗？我们听到过许多酒精影响我们身体和大脑的事情，最普遍的莫过于酒精是一种抑郁剂，让人意志消沉。不过，这并非事实的全部。酒精是一种抑郁剂，但它更是一种间接的刺激源。并且它的某些作用可能让你大吃一惊。

酒精能够通过改变人们体内的神经递质水平（传递身体中控制思维加工、行为和情绪等信号的化学信使）来影响大脑的化学变化。它既能对兴奋型神经递质产生影响，同时也能影响抑制型神经递质。

兴奋型神经递质的典型代表是葡萄糖，其主要作用是增加大脑活动，提高能量水平。

人们如果摄入酒精，就会影响葡萄糖的释放，从而使大脑的运转速度放慢。

而抑制型神经递质的典型代表则是 V- 氨基丁酸（GABA），它能够降低能量供应，使一切生理活动趋于平静。相类似的阿普唑仑（Xanax）和安定（Valium）会加强氨基丁酸的效果，导致休克。事实上，酒精同样能增强 GABA 的效果。这也是你不能一边喝酒，一边服食安定的原因。如要你那么做，效果会倍增，你的心率会降低，呼吸会受到影响，随时都可能有生命危险。

我们以上的讨论解释了酒精为什么能产生抑制效果，它抑制了葡萄糖的释放，加强了氨基丁酸的作用。这就意味着你的思维、语言和其他活动都会变得迟钝，并且，摄入的酒精量越多，这种感受越显著。

但是，酒精还有另外一面，它能够刺激大脑中的"奖励中枢"，释放多巴胺。"奖励中枢"是由多个大脑区域组成，诸如朋友聚餐、度假、放年终假、吸食药物（可卡因和大麻）、摄入酒精等活动都能影响到它。

酒精使身体中的多巴胺水平提高，而多巴胺能够让人们感到快乐，所以人们往往先入为主地认为是酒精让我们感到愉快。所以，下次，人们可能食髓知味，不断饮酒，以期能够释放更多的多巴胺，但与此同时，伴随着酒精产生的其他化学物质，会让他们的反应越来越慢。

研究表明，男性饮酒对多巴胺水平的影响显著高于女性。这很有可能是因为男性的酒量比女性大的缘故。根据 2001 ~ 2002 全国流行病学调查酒精及相关情况（NESARC）的结果，发现男性比女性更容易酒精成瘾。大约有 18% 的男性可能在其一生中会染上酗酒的恶习，而只有 8% 的女性会对酒精产生依赖。[23]

多巴胺的效果会随着时间逐渐减弱，直至完全消失。但是在这个过程中，即使"奖励中枢"已经不再释放多巴胺，酗酒的人还会沉溺于多巴胺仍在释放的假象中。一旦产生了这种强迫性需求，所谓的成瘾也就形成了。然而，每个人成瘾所需的时间各有不同。有些人可能天生具有酒精成瘾的基因，对他们来说，只需很少的时间就能对酒精产生依赖，反之，另一些人可能要几年甚至十几年才会成瘾。

下面，简略地解释一下酒精如何影响大脑的不同方面：

为什么喝酒会让人不受控？

大脑皮层：大脑皮层是思维加工和意识的中心，酒精压制了行为抑制中枢。它使来源于眼睛、耳朵、嘴巴或其他感受器官的信息加工减慢，同时它还扰乱了思维加工，使人们不能冷静思考。

为什么喝酒会让人变得笨拙？

小脑：酒精能够影响运动和平衡中枢，使人失去平衡，走路摇摇晃晃，也就是我们经常说的喝高了。

为什么喝酒会让人感到困倦？

脊髓：大脑的这个区域主要掌管着包括呼吸、意识和体温之类的自动化功能。酒精会作用在引起倦意，还会使呼吸变慢、体温降低，引起生命危险。

BCP：阅读完这部分之后，你应该清楚，酒精会深层地影响大脑，进而影响你的思维过程。尽管这对于大多数人来说早已不是什么大新闻，但是如果你现在已经摄入较多酒精的话，知道这一切是如何发展的，会让你明白接下来该何去何从。

21.　研究热爱自己事业的人

一个不如意的职业能摧毁掉一个人所有的光彩。

——奥诺雷·德·巴尔扎克

有些人看起来热爱自己所做的，当然了，和其他人一样，他们有时间做别的事情，但总体来说，他们还是专注于自己的工作，这种热爱让他人从某种程度上感到羡慕。这也验证了他们热爱做其所做的些许原因，我们可以从中学习并加以应用。[24]

他们从来没有忘记第一次挑战带给他们的乐趣

每当我和一个爱其所做的人聊天时，这种念头就会像蜘蛛猿一样突然出现。虽然他们工作处处变动，但他们一直热爱着自己的工作，并且一直保持着第一次挑战时的激情，这种激情激励着他们朝着目标前进。是的，有时很难专注坚持，因为我们时不时会迷惑迟疑，借用一句英语习语，就是失去立场。但真正热爱自己所做的人从来不会完全忘记激励着他们的挑战和目标。无论有多么迷惑，他们都会重新杀回原来奋斗的道路上，因为这个目标就是每天早上起床的动力！

他们从小就养成习惯

如果仔细挖掘我们的个人生活历程（尤其童年时代），我相信更多的人会认识到极其重要的人生提示。诚然，记忆是怪兽，从某种程度上讲，认知学认为记忆是虚构的（也就是说，我们的大脑重现记忆，将昔日生活中点点滴滴的碎片和想象一起重新整合）。虽然我们不能改变大脑的工作方式，也不能改变重整的记忆，但是，我们可以深挖那些曾让我们燃起激情的模糊记忆。

事实上，那些真正热爱自己工作的人从小就做着同样一件事情，比如写作、讲故事或者遐想。关键的是，他们一直从事的工作可能不是（经常不是）激情的产物，而是将激情成功地融入工作中。事实上，他们激励孩子拥有大人们的成熟观点，这是个更加伟大的追求。

他们是"组合型"的思考者

心理学研究证明，把握市场的实质，可以有效地掌控得失，而且这与你个人的投资组合中包含了什么息息相关。当我们提及股市投资时，我们实际上在谈论一种有涨有跌的事物。虽然持续的熊市会让投资萧条一段时间，但它并不能完全破坏投资组合；尽管一路飘红会让我们更加接近投资目标，但是不能够永远持续下去。"组合型"的思考者深信他们的事业，既有高峰，也有低谷。重要的是，他们处于低谷时，不会萎靡不振，立于高峰时，不会夜郎自大。他们能够心态平和地在这两种状态间自由转换，也正因如此，他们能离心中的目标越来越近。如果你真的热爱你的事业，这种平稳的观点是不可或缺的。

他们从不关心你在想什么

这并不是尖锐的批评，但是事实就是，那些真正热爱自己事业的人，从不允许别人对他们的事业说三道四。试想，一个希望能以某种方式，一生都能与动物做伴的人（可能是训练员、研究员或者兽医），一天，在学校里遇到了一个号称资深的职业规划师，告诉他，虽然你希望与野生动物为伴的愿望很好，但是现实是这个事业完全不切实际。那些职业规划师们，考虑了生活中的一切现实，唯独没有考虑咨询者的爱好。

然而，糟糕的是，对于大多数人说，尤其是重返校园的人来说，他们已经没有勇气和财力对规划师说："谢谢你的建议，但我不需要，我会遵从心的召唤。"但是，值得庆幸的是，即使我们那时接受了违背内心的建议，之后仍有重燃激情的机会。虽然过程不易，但是却有很重要的价值。用心理学的专业术语来说就是，那些热爱自己事业的人真正做到了自我实现。

他们是天生的继任计划者

自我工作以来，长期处于企业环境中。虽然企业的制度有利有弊，让人颇感不适，但是它的资讯安全管理制度却有很多值得借鉴的地方，"继任计划"就是其中之一。简要来说，"继任计划"是指每个人都时时地与某个职位同步，当时机来临时，受训的人会接替对应的工作。变化总比计划快，我们要随时做好准备。

热爱自己事业的人们不仅深谙这个道理，他们还积极地寻找着能分享他们工作热情的继承者，希望有一天，继任者能够传承他们的衣钵。然而，普通的企业职员这样做只是因为企业守则中要求他们这样做，而那些人不同，他们对自己的事业有着诚挚的热情，那份热情使得他们乐于与他人共享知识与智慧。并且，如果选定的继任者对工作不感兴趣的话，他们会努力帮继任者找到能激发动力的工作。

他们会停留，但是他们也会离开

他们为什么会离开？热爱自己事业的人们认为组织非常的重要。因为是组织为他们提供行动的资源。但是，任何一个单独的组织都无力提供所需的全部资源。当热爱自己事业的人们发现一个公司或是非营利性组织没有办法为自己的事业提供帮助时，他们就会离开。我本想说，这并非个人的事情，但是事实是，这就是极端的个人主义。全身心地投入个人事业，是一个人一生中最重要的个人目标。

热情常常弥补了资源和组织的功能，并且那也是它成为塑造人的因素的一部分。

没有人能阻挡他们

我已记不清看过多少管理者试图劝说一个充满激情的人不要去追求计划中没有设定的目标。但是，对于热爱所从事事业的人来说，他们只会执行能让他们接近心中所想目标的计划。换言之，当一个管理者苦口婆心地说"这是你在我的计划中扮演的角色，如果你没有做好，会有很严重的后果"时，聪明的人听到这类话，会阳奉阴违，至少是暂时的。然而，对自己的事业充满激情的人来说，他们定会所向披靡，没有人能阻挡。

他们能够毫不费力吸引他人

没错，人们总是希望围绕在热爱自己事业的人身边，因为他们能从这样的人身上感受到热情。假设有一个热爱自己的事业、对生活中一切相关事物都充满热情的人，把这个人置于这样一群人中间，他们没有目标，没有激情，对生存的意义非常困惑。可能开始，一些会感到不耐烦，因为没人能改变他们的人生观，但是另一些人却会开始关注。并且，他们很可能渐入佳境。也许很快，尽管他们不知道为什么，也会体验到一种想要去工作的兴奋感。那就是热情的感染。心理学家将之称为"心理感染"，一石能够激起千层浪。那些施展感染力的人受到已经被热情感染的人的鼓舞，热情会更加高涨，自此开始了一个良性循环。

他们活在当下

那些钟爱自己事业的人，绝不是目光短浅之人，但是他们也不会长时间地空等，直到万事俱备才开始做事。如果你想说服真正具有热情的人，等外部条件都具备了再开始行动，纯粹是浪费时间。"当下"对于热爱自己事业的人来说，是极其珍贵的，因为它稍纵即逝。并且，这也是他们给我们的最重要的启示。

他们从来不计较蝇头小利

史蒂芬·柯维曾说过一句很著名的话（改述）："真正高效的人不会去抢夺受限的资源。"相反，他们会找一个足够人人有份的蛋糕，并且不介意他人分一杯羹。尽管我们不可否认的是，现代社会充斥着竞争的文化，而人类本身就是个不断竞争的物种，但是在健康良性的竞争和自私的利益追逐之间，还有着很大的区别。热爱自己事业的人是充分竞争性的，否则他们不可能达到自己的目标。但是他们不会把时间和精力花在算计和暗中使坏上，他们不会去争夺他人应有的东西。爱你的事业（无论为了达到什么目标，你需要变的如何有竞争力）不意味着要阻挠他人前进。这也是本节描述的这群人最值得旁人学习的地方。

BCP：热爱你从事的事业，很大程度上是将你的目标感和热情与激发你最大潜能的工作联系起来。

22. 提高你的想象力（MQ）

一个好主意是许多联系的集大成者，而它的高度则是一个精妙的比喻。

——罗伯特·弗罗斯特

设想一下，你和我在讨论我俩想去的城市。我提到了一个城市，你恰好去过，你这么对我说"那简直就是一个巨大的污水池，上面漂浮着数不清的垃圾，散发着阵阵恶臭，周遭爬满了难以想象的臭虫。"听完你的话，我的头脑中立刻浮现了以下景象，一个散发着令人作呕气味的池塘里，充满了废弃物，塘边随处可见老鼠、蟑螂的影子。

我们暂且不讨论你的比喻是否准确，因为它对于要讨论的内容没有太大影响。重要的是，你已经为我提供了一个比喻的雏形，供我勾勒出这个城市的形象。也许某天我会亲自参观一下那座城市，看看与你的比喻是否有出入。但无论事实与你所说的相符还是相反，那时形成的影像依旧会固定在我的脑海中。即使过去很长时间，想把那影像消除也很困难。

那就是比喻的力量，我们很少会注意到那种力量对思维产生的巨大影响。斯坦福大学的保罗·蒂博多和乐拉·伯罗迪斯基通过一系列的实验，向我们清楚地展示了比喻在"什么时间"、"为什么"起作用。[25] 首先，研究者让 482 名学生阅读两份关于艾迪生这座城市的犯罪报告。之后，他们必须给出针对问题的解决之道。在第一份报告中，犯罪被描述成"觊觎着整个城市的野兽"以及"潜藏的定时炸弹"。

阅读了这样的字眼之后，大约有 74% 的受访者提出了涉及强制执行或惩罚的解决方法，诸如建筑更多的监狱，或是请求军队支援。只有 25% 的学生建议加大社会改革力度，加快经济发展，提高教育质量或者改善医疗条件。第二份报道与第一份几乎一样,只不过这份报告把犯罪比喻成"城市感染的病毒"和"社区的困扰"。被试们在阅读完这个版本之后,有 56% 的人选择了更严格的法律制裁,同时有 44% 的人提倡社会改革。

有趣的是,几乎没有被试意识到他们受到了不同的犯罪比喻的影响。当蒂博多和伯罗迪斯基让被试指出报告中的哪一部分对他们的判断起了决定性影响,大部分人都说是犯罪数据,很少有人说是语言描述。只有 3% 的人认为是比喻才是主导因素。后来,研究者通过删除了生动的语言的相同报告,证实了他们的结论。即使,只是犯罪或是病毒之类的比喻只在之前出现了一次,下次还会出现同样的效果。

研究者发现,如果没有相得益彰的内容,比喻本身发挥不了太大的作用。蒂博多和伯罗迪斯基让被试在阅读相同的报告前,想一下"野兽"或"病毒"的反义词,之后,他们给出了类似的解决方案。换句话说,比喻仅仅在成为故事的一部分之后才能发挥作用。但是,当比喻出现在文章的末尾时,它们也产生不了实质性的影响。看来,比喻想要发挥作用,内容才是关键。

BCP:正如这个研究指出的那样,我们很少意识到比喻如何影响我们的思维。关注比喻的使用时间和方式,有助于提高丹尼尔·平克所说的想象力。[26] 想象力能够帮助我们认识到我们被影响的方式,从而更好地控制思维和行为。

23.　增大文化投入

艺术是经历的一种模式，我们对美的欣赏是对这种模式的肯定。

——阿弗烈·诺夫·怀海德

我之所以对挪威研究者抱欣赏态度，是因为他们总是在不遗余力地探寻，究竟是什么因素影响了我们对生活的满意程度。根据最近发表在《流行病学和公共卫生》上的一篇研究，一个挪威研究小组调查了近 50 000 人（既有男性，也有女性）来测量生活满意度。[27]

总体来说，无论男性或女性，只要他们参与文体活动（包括乐器、绘画、看戏、参观博物馆），其抑郁和焦虑水平都低于未从事文体活动的人，并且有文体爱好的人通常对生活更加满意。

然而，男性的受益程度似乎比女性更高。而且更有意思的是，倾向于回顾文化（参观博物馆、浏览画廊）的男性享受到了最大的好处，他们甚至比那些积极参与文化和创造性活动的男性受益更高。

无独有偶，许多证据都证明了这个结果。早在 20 世纪 90 年代，就有一些研究指出，艺术与低焦虑、低抑郁存在着高度相关。（换言之，你不用专门去学钢琴，只要听钢琴曲就能抵抗焦虑和抑郁。）《神经科学杂志》上的研究更是表明，定期接触到视觉艺术的精神病人较之没有接触到的，所需要的抗焦虑药物明显减少（这个结果也得到了药剂科护士的证实）。[28]

总而言之，艺术有着显著的保健疗效。除此之外，在我提到的第二个研究中，使用艺术疗法，不仅能减轻护士们的工作量，每年还能为病人节省近三万元的治疗费用。

值得一提的是，挪威学者的研究还暗示，文化投入越高，受益越大。所以，当你再次去剧院、博物馆或画廊的时候，试着努力投入其中吧。

BCP：无论是男性还是女性，都能从文化欣赏中受益，并且对于男性来说，受益更大。使用这个工具，你能够正确地提高生活满意度，所以没有必要犹豫，行动吧。

24. 开始阅读挑战性书籍，观看挑战性电影

一本真正的好书，其价值不仅仅在阅读上。必须将其放在一边，按照书中所说的行动。正所谓，开始于阅读，终止于行动。

——亨利·戴维·梭罗

这个工具是第三部分（扩展）的前奏，在本书的这个部分，你会欣赏到许多精选的小说和电影，有助于丰富我们之前讨论过的话题。

然而，当你阅读挑战性的小说或者观看立意深远的大片时，接收的信息更加有效。因为它们从智慧和情绪两方面给以你以启迪。

将这个工具内化为你日常习惯的一部分，特别是养成阅读的习惯，在午间休息时间，在工作前，工作后，睡觉前，任何你能挤出的时间里阅读，对你的生活会大有裨益。

BCP：这个工具你仅仅去做就好了。参考第三部分扩展，挑几个好的地方开始吧。

25. 思考你的成就以及对他人的影响

真正的幸福不在于幸福本身，而在于对幸福的追寻。
——费奥多尔·陀思妥耶夫斯基

不断向前和受人尊敬之间的交点非常重要，因为我们往往发现那些积极进取的人在前进的道路上，除了超越他人，完全不顾其他，而那些受人尊敬的人却一直停滞不前。本节的工具从取得成就和牢记他人利益的双赢角度，提供了几种思考成就的不同方式。[29]

顽强的品质

受人尊敬的成功者一般有着常人无法企及的顽强品质。他们从来不会让困难阻碍他们前进的脚步，即使暂时受困，也不会持续很长时间。这主要是因为他们的思维在长期的训练之中，几乎立刻就能找到另外的替代之法。对于一个顽强进取者来说，通往成功的道路往往不只一条。然而，这类成功者在前进的过程中，也会将他人的利益铭记于心。正如那句古话，"达则皆济天下"，并且，如果成功者改变道路的话，很有可能不小心伤害到他人的利益。对一个受人尊敬的成功者来说，这完全没有必要，因为他们清楚地知道还有其他方式，让他达到最终目标，只不过可能要多花一点时间。

遵守的承诺

受人尊敬的成功者还有另一个特点，就是他们一定会完成他们承诺过的事。他们不会描绘一幅宏伟的蓝图，引得他人蜂拥而至之后，又转向另一个伟大的想法，只因为这个想法激起了他们更大的热情。受人尊敬的成功者为自己设下了一个高标准，一旦他们做出承诺，就一定全力以赴。诚然，失败和其他不可预见的情况也有可能发生，不过那只是个例。无论困境是否出现，受人尊敬的成功者会一直遵循自己设定的标准，而旁人也都知道，与那些成功者合作，他们从不会空手而归。

务实的原则

受人尊敬的成功者都是典型的实用主义者，他们关心究竟是什么起作用。如果一种方法不起作用，他们要么略微进行调整，要么整个放弃，另寻他法。尽管成功者们关注结果，但是为了求得好结果而置他人于不顾，太过残忍，也并非他们的初衷。他们会尽力寻求一种互利的安排之法，如果实在找不到，成功者们会把帮助他人另寻出路作为个人奋斗的目标。

策略的解决之道

和其他人一样，当遭遇挫折时，备受敬仰的成功者也会变得消极，和所有人一样，他们也会抱怨现在的情况是多么的糟糕。但是与他人沉溺其中、逃避现实不同的是，成功者会体验那种痛苦，并意识到那是人生经历的一部分，然后，他们有策略地解决问题，轻装前进。在这个例子中，策略指的是一系列的前进的行动步骤，也指做出不做什么的决定。策略是种选择，而跳出消极情境、形成策略化的心理状态更是艰难的选择。人们认为受尊敬的成功者们具有做出困难选择、敢于承担责任的勇气。

承担的责任

许多勇于进取的人都有一个不太好的品质，就是他们善于避免在事情出错时，承担责任。换句话说，把责任推卸给他人。但是受人尊敬的成功者对责任却有着不同的看法。首先，他们认为，如果事情出错，那么很可能是整个团队的错误，无论团队其他成员有没有责任，他们自己难辞其咎。为什么？因为组建团队是为了完成同一个目标，如果目的没有达成，那么整个团队都应该受到批评。领导者们得对整个团队负责，而不是拼命地解释他们的责任比其他成员少。其次，受人尊敬的成功者总是遵循着"黄金法则"，无论何时，都推己及人，设身处地地为他人着想。

　　BCP：你在取得成就的同时，可以不伤害到他人的利益。当你在训练适应性思维设定，或取得成就时，把这个工具牢记在心中。

26. 了解自我管理的要素来提高表现

觉察给了我们改变的机会。

——丹尼尔·西格尔

　　对技巧的掌握需要不间断的刻苦练习，正应了那句古话"熟能生巧"。但是，有研究表明，如果在技巧掌握之后仍然坚持练习，那么此时练习起到了另外的作用——有效地思考。

　　在美国科罗拉多大学波德分校助理教授阿拉·艾哈迈德主持的研究中，研究者观察了被试如何使用机械手来完成取物动作。被试利用手中的游戏杆来控制电脑屏幕的光标。每个被试都在特定的位置上去碰触屏幕上的目标。[30]

　　当机械手产生一个"力场"时，使得被试调整光标，靠近目标时，推进更加困难，因此，他们不得不在一些手臂活动上施加更多的力量。

被试首先在无力场的情况下，完成了一个 200 组的取物实验，接着又在有力场的情况下，完成了两个 250 组的实验，最后又在无力场的条件下，完成了一个 200 组的实验。

第一个结果正如所料，重复练习之后，被试学会了如何在力场中运动机械手去碰触目标，并且错误越来越少，直到最后，错误率为零。

另一结果也跟预期相符。甚至在被试犯错概率已经显著降低之后，更多的练习会使肌肉完成任务所需的能量减少。

然而，临床结果是，即使在肌肉活动已经稳定之后，伴随着继续的练习，能量消耗依然会下降。在这个研究的最后，已经掌握了技术并持续练习的被试体验到降低了将近 20% 的能量消耗。这个结果暗示了关于身体如何释放能量的新观点，而传统看法则认为，"代谢消耗"直接受到肌肉活动的影响。

这个研究表明，在能量消耗游戏中还存在着一个不为人知的因素——更加有效的思考。神经加工和生物机能都会左右能量的有效性。当被试的思维通过练习提升之后，他们消耗了更少的能量。

BCP：能量有效性受到思维、肌肉的双重影响。思维不仅仅关乎头脑，还能够改善机体表现。

27. 用身体管理心智

一个伟大的想法往往是在散步时产生的。

——弗里德里希·尼采

　　我不喜欢跑步，但是通过多年的观察，我发现那些坚持跑步的朋友收获了意想不到的好处。同时，也有越来越多的研究表明，几乎所有的运动，尤其是跑步，对我们的大脑很有益处。剑桥大学和美国国家研究所关于衰老的研究更加证实了这一点。我个人认为，这值得大家的广泛关注。[31]

　　跑步之所以能够增加大脑功能的奥秘在于，它激活了神经元（新的脑细胞）的生长。然而，其中具体过程仍有待探究。不过，很有可能是因为运动加快了血液循环，或者抑制了压力类激素的产生，抑或是两种可能同时存在。无论它是怎样发生的，跑步都是一类很好的抗抑郁类药物。

　　抑郁的产生与神经元的减少有关。并且，类似于百忧解（Prozac）之类的五羟色胺再摄取抑制剂（SSRI）类药促进新的脑细胞的生成。有研究认为，跑步跟抗抑郁药物有着一样的效果，同时不会带来诸如体重增加或性欲降低等副作用。

　　剑桥大学用小白鼠做被试证明，跑步增强了大脑的记忆功能。神经科学研究者让一组小白鼠每天跑 15 英里[⊖]，另一组则什么都不做，只是在笼子附近转悠（用啮齿类动物来模拟典型的人类办公室工作）。

　　最后把这两组小白鼠放于电脑屏幕前，给它们呈现两个并排的一模一样的方块。当小白鼠轻推左边的方块，便能得到一颗糖作为奖励，但当它们轻推右边的方块时，则一无所获。因此，小白鼠不得不记住究竟哪个方块与奖励有关。

　　⊖　1 英里 ≈ 1.61 千米。

　　结果是，每天跑步的小白鼠的得分是什么都不做小白鼠的两倍。更有意思的事还在后面，后来，研究者把这两个方块移近，直到它们能够彼此挨着，增加辨别的难度。第二组小白鼠随着方块的挨近，错误率越来越高，而第一组小白鼠总是能辨别正确。再后来，研究者甚至在小白鼠面前把方块调换顺序，跑步组的小白鼠的正确率依然远远高于无事组。

　　这群小白鼠最后还献身于科学事业。研究者对小白鼠的大脑进行了解剖，发现跑步组的小白鼠在实验期间生长出了新的灰质。而灰质则代表着数以千计的新细胞。

　　以上内容告诉我们，跑步和其他形式的运动对大脑的影响，可能超过了现代药物学所能起到的最好效果。

　　BCP：非常简单，运动起来吧。你的大脑、思维将因此而突飞猛进。

28.　向认知先哲们学习

没有疑问的灵魂充满了悲哀。

——拜伦·凯蒂

　　在现代神经科学诞生之前，伟大的思想家已经让我们明白了有效思考的强大力量，特别是对思维的思考。在这个部分中，我会列举一些思想家，我建议读者们去书店、图书馆或者网上去阅读一下他们的著作。那些作品即使经过岁月的洗礼仍然具有借鉴意义。

　　■ 马可·奥勒留

- 艾伦·贝克

- 厄尼斯特·贝克

- 威廉·詹姆斯

- 卡尔·雅斯贝斯

- 刘易斯·芒福德

- 何西·奥特加·伊·加塞特

- 伯特兰·罗素

下面我会介绍一位我最喜欢的哲学家。

马可·奥勒留（Marcus Aurelius Antoninus）（公元 121—180 ）是一个伟大的领导者，同时，他还是一位杰出的斯多亚派的哲学家。他担任着古罗马的第 16 任皇帝直至去世，后世人认为他是古罗马"五贤帝"中的最后一位。他的儿子康茂德接替了皇位，没有沿袭他的作风，嗜血残暴，把古罗马引上了灭亡之路。

尽管奥勒留执政期间，总是在四处征战，但他依然通过在雅典建立哲学的四把交椅，对哲学研究产生深远影响。奥勒留曾为他自己写了一本书，后来作为《沉思录》流传于世。对于我来说，他的作品是最好的精神食粮，值得我细细品读。以下列举了一些他的名言，看看是否你能通过消化和应用那些看起来简单却能够发人深省的话，有所感悟，并从中受益。

生活会逐渐变成我们想象的那样。

生活更像是戴着脚镣在跳舞。

真正的力量来源于你的内心。一旦你意识到这点，你就能获得力量。

我们之所以悲伤，是因为生气，不是因为悲伤，所以我们感到生气。

细节决定成败。

习惯性想法怎样，心智就怎样，因为灵魂会被想法染色。

不要让精力耗费在你没有或者你已拥有的事物上。

要想了解一个人的真实品质，你必须要深入到他的精神世界，检验他的追求。

一个人若能在一个地方生存下去，必定能在那个地方生活得很好。

BCP ：寻找这些伟大的灵魂，品味他们的著作，一再品读。内化他们的智慧，来丰富你的内心世界。

29. 将自己置于可怕的失去体验中

人们只有在黑暗中才能找到光明。因此，当我们沉浸在悲伤之中的时候，才是最接近现实的时候。

——梅斯特·埃克哈特

这个工具与前面所说的"写自己的讣告"很像，目的都是用来矫正病态的价值观。不过，我不希望它会滋生抑郁，与之相反，我希望它能让你重获新生。

首先，让我们来谈一个常见的现象，我们中的每个人都体验过失去，失去挚爱、朋友、工作或者事业。这其中有些可能会发生，有些必然会发生。没有人能够知道我们会怎么处理那些丧失，除非它们真正地降临在我们身上。

我第一次面对的人生中重大的失去，是我父亲的去世。他半夜突发心脏病，第二天被人发现时，已经溘然长逝。当我走进他的卧室，看着他躺在那儿，他脸上的惊恐表情让我此生难忘。当时的那种可怕感受，在我之前的人生中从未出现。我走近了他，最后一次握住他的手，说着"他是一个好人"。无论何时，我想起我的父亲，这句话总会浮现在我的脑海中。后来，我冲出卧室，跑进仓库，找了个角落，蜷起身子，不住地抽噎。这个反应是我从未料想到的，出于本能，不可承受。

我之所以要讲这个故事，并不是因为任何对失去的事前考虑都会降低你情绪的反应，并且我也认为这种做法不科学。从神经生物学角度讲，我们因为某个原因悲伤，那么有意地去消除这种情绪反应是很不明智的。但是，我认为对于失去的准备会引起一种被大多数人忽略的思维过程，因为毕竟这个过程让人感到不愉快。

然而，问题是，否定或者避免从心理上为不可避免的失去做准备会让你不经意间被心理上的刺扎到。与你爱的人（父母、配偶、朋友或者孩子）的分离会改变你，并且不出所料的话，你会发现这种失去使你走入了一个更加黑暗的走廊，不知尽头在哪。你还可能发现，自从你体会到了这种悲剧性的失去，你陷入了自我放逐的恶性循环中。

只要你使用元认知在心理剧场中模拟失去的场景，当真正的失去发生时，你就可以阻止上面这种情况的产生。你花费在思考可能的失去场景上的时间，视情况而定。无论你是思考几分钟，还是一个小时，最重要的是，你考虑到了失去情况的方方面面。尽管在真正发生之后，我们不可能完全掌握失去的感受，但是我们可以保证一旦发生失去的情况，生活不会失控。

BCP：我们不可能避免失去，但是我们能够想象失去会怎样影响我们的生活。并且通过对失去情况的详细设想，我们能够阻止更坏结果的发生。

30.　总览心智的 12 种表征

正如我们在第 1 章中讨论的那样，元认知不单单只在意识觉察的某一水平上运行，而是在多个水平上，创造了跨越整个心智的元表征。在这最后的一种工具中，我们将会总览这 12 种元表征。它们在功能上与大脑前额叶皮层的作用相对应，同时，在比喻上，与神经科学家所说的"自我的方面"相呼应。

这节的内容建立在心理学、认知科学和行为科学的一些新发现上。

丹尼尔·西格尔提出了"九种前额功能"（他也称为"情绪幸福感"的要素），帮助我们来了解前额叶皮层的作用：[32]

1. 身体管理。

2. 良好沟通。

3. 情绪平衡。

4. 反应灵活。

5. 恐惧调节。

6. 同情心。

7. 视野。

8. 道德觉察。

9. 直觉。

神经学家维兰努亚·拉玛钱德朗则提出了"自我的七个方面"，来引导我们理解"我"的维度：[33]

1. 团结。

2. 连续性。

3. 具身化。

4. 隐私。

5. 社会融入。

6. 自由意志。

7. 自我意识。

心理学兼教育专家霍华德·加德纳提出了包含最重要元认知能力的"未来的五种心智"：[34]

1. 纪律化的心智。

2. 综合的心智。

3. 创造性心智。

4. 尊敬的心智。

5. 道德的心智。

概念思维专家爱德华·德·波诺提出了"六顶思考帽"，这六顶帽子打破了与认知类别相关的思维方式：[35]

1. 白色：客观的。

2. 红色：情绪的。

3. 黑色：警觉的。

4. 黄色：积极的。

5. 绿色：创造的。

6. 蓝色：有组织的。

认知行为疗法的先驱艾伦·贝克提供了内部控制系统的五种要素，它们是元认知必不可少的部分：[36]

1. 监控。

2. 评价。

3. 评估。

4. 警告。

5. 指导。

将这些和其他定义综合成可相互兼容的描述，就形成了心智的 12 种元表征：

1. 记者

调查者，问尖锐的问题，依靠可靠的资源来寻找答案。

2. 工程师

设计和管理反馈回路。

3. 管理者

调整奖励中枢，管理情绪加工过程。

4. 引导者

在意识的边缘搜查，绕过无意识障碍。

5. 讲故事的人

不停地在写自我叙述，管理自我意象。

6. 模拟者

使用心理表征来创造意义。

7. 劝导者

发现错误的自动化想法，在决策时发出"心声"。

8. 导演

关注和引导注意。

9. 技术员

充分地利用外部反馈技术。

10. 合作者

将自我与他人相联系，与他人心智保持同步。

11. 监护人

保护自我不受背叛。

12. 创造者

把自我发展成有形的外部表达。

正如任何一个比喻性的模板，这些描述并不能涵盖全部（也不要奢望它们能涵养全部）。相反，它们是在大量的关于心智卓越的能力的文献基础上形成的混合体。用来践行心理学家尼古拉斯·汉弗莱所说的"意识"——受到心智监控的心智内部的表达活动。[37]

BRAIN CHANGER

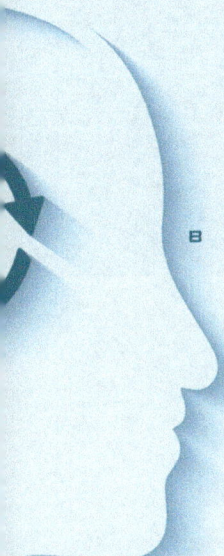

BRAIN CHANGER

第三部分

扩展

只有不断学习，心智才能永不
枯竭。

——列昂纳多·达·芬奇

第 7 章

心智的图书馆

本书这章的内容非常广泛。我试图去建立一
个多媒体图书馆的雏形，意在加强和扩展本书最开
始的两个部分——知和行。扩展的目的，正如它的
字面意思，是为了拓宽知识的边界，开辟新的道
路，这可能需要读者们一直投入时间和精力，但
是，它确实能改变你思考的方式，甚至我可以毫不
夸张地说，可以改变你的生活。

我将扩展部分的内容分为三类：

■ **非小说书籍**（书的一部分阐述细节，另一
部分则给出参考书目）

■ **小说和回忆录**

■ **电影**

■ 杰出的非小说类作品

《重塑大脑，重塑人生》
诺尔曼·道伊奇，MD
维京出版社（2007）

　　诺尔曼·道伊奇曾经写过的关于大脑神经可塑性的经典之作，并且时至今日，它依然是解答这个主题的最好文章之一。道伊奇作品的精妙之处在于，他将极其复杂的神经科学概念以你绝对意想不到的方式关联起来。尽管每年都会涌现大量的神经科学方面的书籍，但我依然重复阅读道奇的作品，每次都会有新的发现。

《思维改变生活：抵抗压力、战胜焦虑和抑郁的认知行为疗法》
莎拉·埃德尔曼，PhD
达·卡波出版社（2007）

　　如果想要找到一本关于认知行为疗法（CBT）的入门之作，那么没有比埃德尔曼的这本操作性极强的书更好的了。在这本书中，埃德尔曼详细解释了认知行为疗法每一步骤的内在原理，以及可能会产生的效果，我在工作中不断地翻阅着这本书。

《幸福之路》
伯特兰·罗素
李弗莱特出版社（1971）

　　伯特兰·罗素一直以来都是最有影响力的西方哲学家之一。在这本书（1930 年第一次出版）中，罗素暂时地脱离了逻辑学家的身份，将他敏锐的知觉转向了一个足以影响所有人的主题——幸福。可以说，这本书是我读过的关于幸福的、最令人爱不释手的书之一。

《意识的解释》
丹尼尔·丹尼特
利特尔&布朗出版社（1991）

在众多从综合方面解释意识现象的书中，哲学家丹尼尔·丹尼特以一种特殊的视角，弥合了从概念上和神经生理上了解人类大脑所产生的分歧。它对任何对意识悖论感兴趣的人来说都是一本绝佳的入门书。

《发展的心智：人际关系和头脑是如何相互作用塑造我们的》（第2版）
丹尼尔·西格尔，MD
吉尔福特出版社（2012）

可以毫不夸张地说，《发展的心智》是本杰出之作。相较于我读过的其他作品，它涵盖了意识和无意识心理的更多方面。在本书中，西格尔提出了一个引人入胜的观点，即我们的心智只有一部分是由大脑和神经系统产生，它们同时也是和他人心智以及外界影响物相互作用的产物。尽管这本书可能在某些人眼中过于学术，但我依然向那些有意扩展心理知识的读者强烈推荐这本书。

《驱动力》
丹尼尔·平克
河源出版社（2009）

现在对于动机的讨论，许多人倾向于人云亦云。而平克则另辟蹊径，采用一种新颖的观点来阐述这一主题。作为畅销书《全新思维》的作者，平克是一个把读者带入另一视角的高手，他的观点常常令人深思。

《专注的快乐：我们如何投入地活》
米哈里·契克森米哈赖，PhD
基本图书公司（1997）

说到应用心理学时，很少有人像这本书讲的那样透彻。（此版相对于契克森米哈赖的代表作《心流》来说，更精简，更具有操作性）"心流"的本质结合了多个心理学思想流派，包括认知行为疗法以及创造力疗法的精华之处，意即"一个人完全沉浸在某种活动当中，无视其他事物存在的状态。这种经验本身带来莫大的喜悦，使人愿意付出巨大的代价"。这就好比控球后卫在大赛中无意间投中一个三分球时体会到的那种感觉，好比作家坐在电脑前面流畅无阻地进行创作时的心理体验。在这些时刻，当我们专心致志、浑然忘我时，我们体验到的正是米哈里·契克森米哈赖所说的"心流"。获得心流的体验也就是我们渴望的幸福状态。

《奔向未来的人：五种心智助你自如应对未来》
霍华德·加德纳
哈佛商学院出版社（2009）

加德纳，多元智力理论的提出者，在这本薄薄的书里，做了大量工作，主要是关于如何辨别领导者现在、将来所需要的批判思维能力。它是一本为企业量身打造的即时有效读物，对于心理学和教育学来说，同样也具有指导作用。

《不诚实的诚实真相》
丹·艾瑞里，PhD
哈珀柯林斯出版社（2013）

　　丹·艾瑞里，伟大的研究者和传播者，这本书可能让你感到不舒服，他巧妙地揭开了我们有意无意对外撒谎或自我欺骗的面纱。其中，一个最吸引人的发现就是，我们几乎意识不到我们在对自己撒谎。也许那些发现会让你对自己产生动摇，但是相信我，请不要让它阻止你阅读这本书，它值得一读。

《如何创造思维：人类思想所揭示出的奥秘》
雷·库兹韦尔
维京出版社（2012）

　　在试图逆向构造大脑，从而发现它的管理原则的过程中，雷·库兹韦尔向完成人工智能的终极目标前进了一大步。然而，不仅如此，我认为库兹韦尔最大的贡献是揭示和阐明了大脑作为模式探测器的一种深层次功能，能够不停地对环境中的模式进行评估和分类，增强日常的适应力。虽然作者在此书中提到的工作是否会促进一个全面运转人工大脑的发展这一点仍然不得而知，但是这个探索本身是很有价值的。

《我是一个奇异环》
道格拉斯·霍夫斯塔特
基本图书公司（2007）

　　我一直很慎用"爱"这个词来表达我对一本书的喜爱，但是《我是一个奇异环》这本书却打破了这一惯例，我爱这本书。可以说，它包含了科学、哲学还有文学散文，甚至更多，并且经得住时间的考验。就像雅斯贝尔斯的《智慧之路》或是霍弗的《狂热分子》一样，霍夫斯塔特的作品在未来的许多年里，都会出现在大学的必读书目上。它值得你在书架上为它长久地保留一席之地，一读再读。

《比语言更有力：关于心智如何创造意义的新科学》
本杰明·K.贝尔根
基本图书公司（2012）

　　也许你还没有意识到，脑科学中的一个争论已经持续了很多年，那就是我们的头脑是怎样判定什么是有意义的，什么是没有意义的。换句话说，为什么我们觉得所有事情都得有意义？事实上，意义究竟指的是什么呢？贝尔根的工作向我们展示了大脑是如何通过"具身模仿"来创造意义。所谓的"具身模仿"，指的是大脑通过我们自身的体验知识库来模仿意义。为什么我的意义感与你有所不同呢？假设我们说着同样的语言，我们所使用的外部的描述参考没有任何区别，但是我们大脑所创造的内部模仿以及心理剧场中所进行的项目却千差万别。因为你和我有着不同的体验知识库，所以我们最后形成的模仿会截然不同。因而，这种不同最后会体现在"意义"的描述性输出上。

无论从哪个角度评判，这本书都是部巨作，我向你强烈推荐。

《管理你的大脑》（第2版）
吉莉安·巴特勒，PhD，托尼·霍普，MD
牛津大学出版社（2007）

　　这本书奠定了认知行为疗法的雏形，极具可操作性。巴特勒和霍普为读者描绘了一幅蓝图，从多方面改变思维，从而使生活更加美好，包括人际关系、事业、身体健康等生活中的方方面面。它是一本真正的科学帮助类书籍，其给出的所有建议均来自跨学科研究。除此之外，这本书还有一个显著的特点，它是以参考指南的形式进行编排的，因此，你可以阅读任一章节，而不必担心看不懂。

《心灵骇客》
罗恩·黑尔·埃文斯，马蒂·黑尔·埃文斯
约翰·威立出版社（2011）

　　跟本节介绍的其他书不同的是，《心灵骇客》并不是一部探讨大脑是如何工作的作品。它从实际出发，指导我们如何通过改变认知功能来改善结果。虽然书中提到的60个小贴士、小窍门和游戏并非对所有人都适用。但是，总的来说，这本书依然是一本优秀的指导书，你会想要把它置于书架的低层，方便你随时查阅。

《第七感：心理、大脑与人际关系的新观念》
丹尼尔·西格尔，MD
矮脚鸡出版社（2010）

在这本精简的书中，西格尔概括了"第七感"的要素。并且，鉴于西格尔对意识研究的贡献，"第七感"成了应用心理学中耳熟能详的术语。相较于《发展的心智》，西格尔把这本书减缩成一本入门读物，力图让所有人都能看得懂。它作为最好的应用心理学著作之一，与其他鸿篇巨制一起成为了不巧的经典之作。

《多重性：关于人格、身份和自我的新兴科学》
莉达·卡特
利特尔&布朗出版社（2008）

为什么所有人都认为我们自身是一个独立的"我"？事实上，我们在成长过程中是由许多个"自我"组成的。卡特在本书就解释了上述问题，并且我认为《多重性》是关于多重自我理论的基础书籍。卡特是个非常善于解释复杂问题的作者。他让我们相信，尽管在实际操作中，我们错误地感觉到一个整合的"我"，但是"我"并不是一个纯粹的实体。

《人类思维中最致命的错误》
罗伯特·伯顿，MD
圣马丁出版社（2008）

罗伯特·伯顿有力地证明了我们坚守的许多真理并不是正确的，只是我们感到正确而已。他指出，想法和正确感之间的神经连接会随着时间增强，因为大脑会把那种正确感当作一种奖励。奖励获得的时间越长，联系加强的程度越深。伯顿的书生动和令人信服地解释和阐述了问题，没有进行任何粉饰。

《重新考虑：打破心智的固定习惯》
瑞·赫伯特
皇冠出版集团（2010）

　　当我刚开始从事科学写作时，瑞·赫伯特的著作是我写作的范本。清晰、平实的语言风格，以及对研究细节的注意，是对我这本书主题感兴趣的读者不可错过他的任何作品。《重新考虑：打破心智的固定习惯》全面地展现了启发法是如何影响思维。我向大家强烈推荐这本书。

《正常的另一面：正常、不正常行为背后的生物线索》
乔丹·斯莫勒
哈珀柯林斯出版社（2012）

　　正如那些科普作家推测的那样，现在的人们生活在一个"生物学的时代"，并且，乔丹·斯莫勒的书是最早支持这一言论的文献之一。斯莫勒用一种机智、易懂的语言，探讨了先天—后天方程的"先天"方面，还探究了一下生物实验中的高新技术工具。仅仅看一个人的脸，你能判断她下一步要做什么吗？精神病是天生的，还是后天形成的，两者有区别吗？是否存在着与生俱来的"胜利型人格"呢？斯莫勒在木书中调查了那些问题，以及其他的一些问题。这本书值得一读，并且你有必要在以后的日子里一读再读。

《大脑的使用手册：心脑研究的日常应用》
皮尔斯·J.霍华德，PhD
巴氏出版社（2006）

如果说起对认知科学的详尽描述，很少有作品能与皮尔斯·J.霍华德的不朽著作相提并论。如果你想开始阅读关于大脑的书，这本书无疑是个很好的选择。霍华德的著作基于研究大脑如何运转的实验，对于没有任何认知科学背景的读者来说，也很容易接受。

《人格》
丹尼尔·列托
牛津大学出版社（2007）

这可能是我读过关于人格的最棒的作品。在本书中，列托用简洁的语言、充分的论据来阐述这一主题。如果你对你之所以成为现在的样子感兴趣，它是一本很好的读物。

《心理学指南》
克里斯琴·贾勒特
简明指南出版社（2011）

克里斯琴·贾勒特是英国心理学会旗下研究文摘博客的作者，他会在博客中向大众普及最新的心理学研究。本书可以说是他最好的作品，它向那些从来不知心理学为何物的人们敞开了一扇通往心理学殿堂的大门。

《饱和的自我：生活中的身份困境》
肯尼斯·J.格根
基本图书公司（1991）

肯尼斯·格根是最早提出"多重自我理论"的心理学家之一。

他认为我们通过不同的"自我"来适应多样的社会和文化，这一观点被后来的认知科学研究证实。作为这个领域中的"重量级"书籍，《饱和的自我》到今天，依然是关于自我主题最值得阅读的书之一。

《意识究竟从何而来？从神经科学看人类心智与自我的演化》
安东尼奥·达马西奥，PhD
潘塞恩图书出版公司（2010）

许多人曾试图去解释意识，但时至今日，它依然是认知科学中最令人困扰的问题（也许是所有科学）。安东尼奥·达马西奥，世界上最杰出的神经科学家之一，在这场关于意识的讨论中发表了自己的看法并做出了巨大的贡献。如果你想要追踪最新意识领域中的成果，不妨阅读一下这本书。

《自我错觉：社会性大脑如何创造身份》
布鲁斯·胡德，PhD
牛津大学出版社（2012）

布鲁斯·胡德，布里斯托尔大学发展心理学教授，整理了大量的研究资料来证明，自我（尽管在个体体验中非常真实）其实是种有用的错觉，大脑需要它。但是，胡德指出，这种错觉不仅仅是由个体的大脑产生的，许多大脑共同作用的社交网络也对自我感觉产生很大作用。可以说，自我感觉是一个集体项目，因为它只有在社会环境下才能充分发展起来，并且在我们能够说话之前就出现了。这本书的伟大之处在于，它探讨了为什么在日常生活中，我们体验到的是"我"，却不是"我们"。

《大脑的描述性指南》
罗伯特·伯顿，MD
圣马丁出版社（2013）

　　许多脑科学的专家一致赞成，应该指出神经科学能够告诉我们什么、不能告诉我们什么。最近几年，一系列聚焦于大脑成像的学术出版物让公众陷入了一种盲目的欣喜——这些彩色的、多维度图片揭露了大脑的真相。专家的澄清很必要，波顿的这本书就起到了澄清的作用。波顿不仅是神经学领域的领军人物，他还是少有的具有记者找寻真相直觉的传播者。对于任何想要了解神经科学故事背后的故事的读者来说，《大脑的描述性指南》都是一本很好的入门必读之作。

《社交商：人类关系的新科学》
丹尼尔·戈尔曼
矮脚鸡出版社（2006）

　　丹尼尔·戈尔曼，情绪智力的开山鼻祖和普及者，在本书中，通过神经科学和其他学科的交叉研究，在他早期情绪智力的维度上，又增加了一个有价值的维度。戈尔曼指出，类似于"社会传染"之类的心理社会动力系统，拒绝、孤独、嫉妒和其他影响因素塑造了我们的社会角色，其作用与诸如收入、事业、居住环境等有形因素同样重要，甚至比它们还要重要。

《灵魂之尘》
尼古拉斯·汉弗莱，PhD
普林斯顿大学出版社（2011）

汉弗莱的书是少有的科学性和艺术性完美结合的精品。对于任何想要进一步了解意识的突出特征的读者来说，这本书都是一个重要发现。汉弗莱没有用枯燥的文字一一列举意识的特征，而是采用一个类似于哲学冥想的方式，让我们对脑科学有着无限遐想。阅读下来，会让你极其享受。

《最熟悉的陌生人：自我认知和潜能发现之旅》
提摩西·威尔逊，PhD
哈佛大学出版社（2002）

《最熟悉的陌生人》可能是目前关于人类心智的最好作品之一。如果你检索一下研究意识悖论书的注释，将会发现它们都引用了威尔逊的成果。一句话，这是一部经典之作。尽管从外表看起来，它只是薄薄的一本，但在其中，威尔逊力图将关于意识的艰涩问题分解成简明易懂的各个章节，让没有心理学背景的读者也能够轻松读懂。读者们一定不要错过，我强烈推荐。

《哈佛幸福课》
丹尼尔·吉尔伯特，PhD
克诺夫出版社（2006）

我个人认为，吉尔伯特能够巧妙地将来源于复杂实验的艰涩主题解释的通俗易懂，并且保证学术水平不打折扣。《哈佛幸福课》就是他这种能力的证明，长久以来，《哈佛幸福课》都占据着最畅销心理学图书排行榜的前列。如果你真的想知道怎样才能感到快乐，那么你没有理由拒绝它。

《潜意识：控制你行为的秘密》
列纳德·蒙洛迪诺
潘塞恩图书出版公司（2012）

　　蒙洛迪诺在他的书中用深入浅出的语言表述研究结果，使他的每一本书都非常具有可读性，而这本《潜意识》则是他众多著作中最出色的。不像其他人只是枯燥地介绍意识和潜意识问题，蒙洛迪诺在本书中深入地解释了潜意识的影响力，以及那种影响力无法觉察、难以克服的原因。到目前为止，没有别的书能比《潜意识》更好地解释为什么"我们不知道自己在想什么"以及为什么这个问题如此重要的原因。

《会讲故事的大脑》
维兰努亚·拉玛钱德朗
诺顿出版社（2011）

　　维兰努亚·拉玛钱德朗是少数像科学记者一样宣传知识的神经科学家之一。在《会讲故事的大脑》中，他为神经科学和其未来的发展方向提供了一个写作指导。他也向我们简略地呈现了一下自己研究的"幕后"——在最近的 20 年里，为帮助定格和定义神经科学所做的研究。如果你想要了解认知神经科学，没有比《会讲故事的大脑》更好的书了。对于那些想要进一步了解大脑如何工作的读者来说，一定要阅读这本书。

《这才是思维》
爱德华·德·博诺
兰登书屋（2010）

爱德华·德·博诺是一位充满策略的思维改造大师。许多术语，像是"心理挑衅"都是由博诺提出的，他主要关注的是个体和团体如何提高处理困难问题的能力，其很多研究成果已经被应用到商业中。我个人最喜欢博诺的一个观点，他认为解决问题不是最高效的手段。相反，追寻问题产生的点点滴滴，并想办法改变它们，往往会收到事半功倍的效果。

《无意识商标：神经科学如何激励营销》
道格拉斯·范·普雷特
帕尔格雷夫·麦克米伦出版社（2012）

在本书中，普雷特通过充足的实验研究、独到的观点向读者展示了神经科学是如何影响营销的，他力图对读者进行培养，而不是变成一个"神经营销"的传道士。他认为，人类的文化历史已发展到一个特殊的时期，认知和行为科学能够在一个周期的基础上形成足以影响所有人的信息。不是从事营销的人可以通过这本书了解他们每天都要面对的上千次的影响力。

《至关重要的五元素》
汤姆·拉思，吉姆·哈特
盖洛普出版社（2010）

盖洛普组织进行了许多关于力量、才能、动机和人格的研究。

我喜欢盖洛普出版的许多书，如果你想知道调查研究表明究竟什么才能让我们感到人生圆满，那你一定要将这本书列在书单中。不像其他的同类型书籍，《至关重要的五元素》以充分的论据为基础给出建议，具有相当的可操作性。

《谁说了算：自由意志的心理学故事》
迈克尔·加扎尼加，PhD
伊可出版社（2011）

什么是"左脑解释器"？这本将会告诉你答案的书，其作者是割裂脑研究的先锋者。在本书中，他回答了许多争论不休的问题，其中最引人注意的就是"我们是否真的有自由意志"。如今所有编写关于意识的作者，都会将加扎尼加的书列入必读书目，这本书当然也不例外。

《人人都是伪君子》
罗伯特·库尔茨班
普林斯顿大学出版社（2011）

罗伯特·库尔茨班不但是杰出的进化心理学家，还是一名优秀的作家。本书中，他解释了大脑中的矛盾体验，并有效地证明，所有人都自相矛盾，而且那还是我们大脑正常工作的基础。

《你的大脑几乎完美：我们如何做决定》
瑞德·蒙塔格
普卢姆出版社（2007）

瑞德·蒙塔格是一流的撰写认知科学新发现的作家，他主要致力于阐述人们在决策时，大脑发生的变化。对那些对决策过程感兴趣的人来说，他的书不可错过。

《你的创造性大脑》
谢利·卡森，PhD
乔西-巴斯出版社（2010）

我清楚地记得，当我不经意间读到卡森的书时，所体验到的那种纯粹的快乐。自那以后，只要我有空，都会把她的书拿出来一读再读。卡森的书不仅仅用来读，还需要把书中的东西应用到实际生活中。如果缺少了应用，就大大降低了书的价值。和其他科学帮助类书一样，这本书也是以大量的实验研究为基础，并为我们如何应用已学到的知识列出了框架。不要从图书馆中借阅这本书，因为你会忍不住在页边做注释，把书页折起来。

■ 扩展的非小说类书籍

《洞察力：理解艺术、心灵和大脑中的无意识》
埃里克·坎德尔
兰登书屋（2012）

《资本主义与精神分裂症》
吉尔·德勒兹，加塔利
企鹅出版社（2009）

《焦虑和恐惧手册》（第5版）
埃德蒙·J.伯恩，PhD
新先驱出版社（2011）

《猿和寿司师傅：灵长类动物学家的文化反思》
弗朗斯·德·瓦尔
基本图书公司（2001）

《谋略的艺术：一个博弈理论家对商场和生活获取成功的指南》
阿维纳什·迪克西特，巴里·J.纳尔
诺顿出版社（2010）

《犯错使你变得更好：做错事带来的意想不到的好处》
阿丽娜·图镇特
河源出版社（2011）

《空白：对现代人性的否定》
史迪芬·平克
维京出版社（2002）

《灵魂的边界：荣格的心理学实践》（修订版）
琼·辛格
铁锚出版社（2004）

《专家顾问团：道德的神经基础》
帕特里夏·S.丘奇兰德
普林斯顿大学出版社（2011）

《人才引进：技术和数码智慧》
马克·普林斯基
帕尔格雷夫·麦克米伦出版社（2012）

《人格障碍的认知疗法》（第2版）
亚伦·贝克，阿瑟·弗里曼和丹尼斯·戴维斯
吉尔福德出版社（2003）

《生活的准则》
刘易斯·芒福德
马里纳出版社（1960）

《破解意识之谜》
苏珊·布莱克莫尔
牛津大学出版社（2011）

《偶然反讽与团结》
理查德·罗蒂
剑桥大学出版社（1989）

《创造的勇气》
罗洛·梅
诺顿出版社（1975）

《关键冲突：如何把人际关系危机转化为合作共赢》
科里·帕特森，约瑟夫·格雷尼，罗恩·麦克米兰，艾尔·史威茨勒
麦格劳·希尔专业出版（2004）

《拒斥死亡》
厄内斯特·贝克尔
自由出版社（1998）

《巧克力爱好者有更可爱的宝宝：怀孕的科学》
耶拿·平科特
自由出版社（2011）

《情感机器：常规思维、人工智能和人类大脑的未来》
马文·闵斯基
西蒙与舒斯特出版公司（2006）

《逃离自我》
罗伊·鲍迈斯特
基本图书公司（1991）

《大脑进化：改变心智的科学》
乔·迪斯彭齐
人机交互（2007）

《反省的人生：哲学思考》
罗伯特·诺齐克
西蒙与舒斯特出版公司（1989）

《伯恩斯：新情绪疗法》
大卫·伯恩斯，MD
威廉莫洛出版社（1980）

《持续的幸福》
马丁·塞利格曼
自由出版社（2011）

《同伴影响力》
卡林·弗洛拉
双日出版社（2013）

《搞定：无压工作的艺术》
戴维·艾伦
维京出版社（2001）

《象与骑象人：幸福假说》
乔纳森·海特
基本图书公司（2005）

《平息愤怒的大脑：理解大脑如何工作帮你控制愤怒和激进》
罗纳德·波特埃弗龙
新先驱出版社（2012）

《隐藏的大脑》
尚卡尔·费檀多
施皮格尔出版社（2010）

《大脑绑架：如何在压力过大时释放自我》
朱丽安·福特，乔恩·沃特曼
资料库出版社（2013）

《大脑是如何运转的》
史迪芬·平克
诺顿出版社（1997）

《如何读，为什么读》
哈罗德·布鲁姆
斯克瑞伯纳出版社（2000）

《怎样像达·芬奇一样思考》
迈克尔·葛伯
德拉柯尔特出版社（1998）

《大脑的隐秘档案》
莉达·卡特
多林金德斯利出版公司（2009）

《影响力》（第5版）
罗伯特·西奥迪尼
培生出版社（2008）

《保持冷静，坚持到底的小方法》
马克·赖内克
新先驱出版社（2010）

《爱的本质》
诺尔曼·布朗
加利福尼亚大学出版社（1990）

《心灵的地图》
查尔斯·汉普登·特纳
利特尔汉普登出版社（1981）

《最强大脑：对健康和智慧的挑战》
什洛莫·布雷斯尼茨，柯林斯·海明威
贝兰亭出版社（2012）

《沉思录》
马可·奥勒留（格雷戈里·海斯/译）
现代图书馆（2002）

《能让你快乐的化学物质：多巴胺、脑内啡、催产素、血清素》
洛雷塔·格拉齐亚诺·布莱宁，PhD
系统完整出版社（2012）

《上瘾大脑的回忆录》
马克·刘易斯，PhD
公共政策和企业事务出版社（2012）

《重塑大脑》
杰弗里·施瓦茨，MD；夏伦·贝格利
哈珀柯林斯出版社（2002）

《大脑真实性：大脑如何创建自己的虚拟现实》
罗伯特·奥恩斯坦，特德·德万
梅洛图书（2008）

《定见》
约翰·奈斯比特
柯林斯商业出版社（2006）

《道德明晰：给成熟的理想主义的指引》
苏珊·尼曼
普林斯顿大学出版社（2009）

《赤裸的大脑》
理查德·瑞斯塔克，MD
和谐出版社（2006）

《神经通路疗法：怎样应对愤怒、恐惧、痛苦和绝望》
马修·麦克凯和大卫·哈伯
新先驱出版社（2005）

《大脑总指挥：揭秘最具人性的大脑区域》
艾克纳恩·高德伯，PhD
牛津大学出版社（2009）

《心理控制术：改变自我意象，改变你的人生》
麦克斯威尔·马尔茨，MD
普伦蒂斯霍尔出版社（2002）

《夜晚很长：1938～1995论文集》
马丁·加德纳
圣马丁出版社（1996）

《乐观的偏见》
塔利·沙罗特
潘塞恩图书出版公司（2011）

《权力最终属于有自控力的人：哈佛大学心理学教授的自控力法则》
保罗·哈莫尼斯，MD；玛格丽特·摩尔
禾林出版社（2011）

《西方思想史》
理查德·塔纳斯
和谐出版社（1991）

《阻力最小之路：如何在生活中更有创造性》（修订扩充版）
罗伯特·弗利茨
贝兰亭出版社（1989）

《培养韧性：从容应对人生压力》
罗伯特·布鲁克思，PhD；山姆·戈尔茨坦，PhD
麦格劳-希尔出版社（2004）

《实用主义》
威廉·詹姆斯
多佛尔出版社（1995）

《心理综合：原则及技术手册》
罗贝托·阿沙吉欧力，MD
维京指南出版社（1971）

《贪婪的大脑：为何人类会无止境地寻求意义》
丹尼尔·博尔
基本图书公司（2012）

《重新调整：关于改变心理状态的惊人新科学》
蒂莫西·威尔逊
利特尔&布朗出版社（2011）

《大脑一天发生的事情》
朱迪思·霍斯特曼
乔西-巴斯出版社（2009）

《自尊：评估、提高和保持自尊的有效认知技术》（第3版）
马修·麦凯，帕特里克·范宁
MJF出版社（2003）

《性、生态、灵性：演化的灵魂》（第2次修正版）
肯·威尔伯
香巴拉出版社（2001）

《大脑健康指南》
阿尔瓦罗·费尔南德斯，艾克纳恩·高德伯，PhD
锐脑公司（2010）

《社会动物》
戴维·布鲁克斯
兰登书屋（2011）

《"偷"师学艺：10个你一定要知道的创意秘籍》
奥斯丁·克莱恩
沃克曼出版社（2012）

《思想与语言：人性之窗》
史迪芬·平克
维京出版社（2007）

《超级合作者》
马丁·诺瓦克，罗杰·海菲尔德
自由出版社（2011）

《津巴多时间心理学》
菲利普·津巴多，约翰·博伊德
自由出版社（2008）

《狂热分子：群众运动圣经》
埃里克·霍弗
哈珀永久出版社（2010）

《超意识解决之法：战胜抑郁、克服焦虑、重塑心智的简单之法》
马克·海曼，MD
斯克里布纳尔出版社（2008）

《大脑的用户指南：知觉、注意力、大脑的四个剧场》
约翰·瑞提，MD
潘塞恩图书出版公司（2001）

《智慧之路：哲学概论》（第2版）
卡尔·雅斯贝斯
耶鲁大学出版社（2003）

《我们未来的样子：心理综合学引起的心理和心灵成长》
皮耶罗·费鲁奇
杰里米·塔彻尔公司（2009）

《全新思维：决胜未来的6大能力》
丹尼尔·平克
河源出版社（2005）

《生存的意义：亚瑟·叔本华作品精选》
由理查德·泰勒编辑
连续出版公司（1967）

《威廉·詹姆斯作品集（1878~1899）》
威廉·詹姆斯
美国图书馆（1992）

《你不能代表你的大脑：改掉坏习惯、结束错误思维以及掌控生活的
四步之法》
杰弗里·施瓦茨，MD；丽贝卡·格拉丁，MD
艾弗里出版社（2011）

《大脑探秘完全手册》
马修·麦克唐纳
波格出版社（2008）

第 8 章

小说和回忆录

在写扩展这部分的时候，不列出一些小说、传记和回忆录之类的作品是难以想象的，因为这些作品是公认的能加大扩展力度的动力来源。那些文字曾经向无数人传递着那些引人入胜的叙述，以后仍将继续。在你没有阅读它们之前，你可能都无法想象出它们将会对你产生什么影响。

我必须要重申一遍，这里的内容仅仅是个开始，只是小说、传记和回忆录类扩展资源的简短摘录。其中的任意作品都很有可能引领你走上多样的大脑改造之路。下面列举几颗闪亮在浩瀚文字天空中的明星。

《因缘际会》
迈克尔·科达
兰登书屋（1999）

《旅行回忆录》
威廉·沃尔曼
维京企鹅图书公司（1996）

《幻影书》（小说）
保罗·奥斯特
弗伯–费伯出版公司（2002）

《站间的日子》（小说）
斯蒂夫·埃里克森
西蒙与舒斯特出版公司（1985）

《日行者》（漫画小说）
法比奥·莫恩，加布里埃尔·巴
眩晕漫画（2011）

《拯救》（第10版）（小说）
詹姆斯·迪基
三角洲出版社（1994）

《德米安》（小说）
赫尔曼·黑塞（迈克尔·罗洛夫和迈克尔·勒贝克翻译）
哈珀永久出版社（1999）

《伊丽莎白·科斯特洛：八堂课》（小说）
约翰·马克斯韦尔·库切
维京出版社（2003）

《每一部爱情故事都有一段怪诞事：大卫·福斯特·华莱士的一生》
（传记）
D.T.马科斯
维京出版社（2012）

《黑暗的心》（诺顿评论版本，第4版）（小说）
约瑟夫·康拉德
诺顿出版社（2005）

《无尽的玩笑》
大卫·福斯特·华莱士
利特尔&布朗出版社（1996）

《追寻逝去的时光（第1卷）在斯万家》
马塞尔·普鲁斯特（由查尔斯·甘尼斯·斯科特·蒙克利夫翻译）
现代图书馆（1992）

《神的生活》（短篇小说）
道格拉斯·柯普兰
口袋出版社（1994）

《罗素的故事》（漫画小说）
阿波斯托罗斯·杜克西阿迪斯，克里斯托斯·帕帕迪米崔欧
布鲁姆斯伯里出版公司（2009）

《黑暗中的人》（小说）
保罗·奥斯特
亨利·霍尔特出版社（2008）

《毛二世》（小说）
唐·德里罗
维京出版社（1991）

《鼠族1：我父亲的泣血史》
《鼠族2：我自己的受难史》（漫画小说）
阿特·斯皮格曼
潘塞恩图书出版公司（1986、1991）

《玫瑰的名字》（小说）
翁贝托·埃科
华纳图书公司（1984）

《茉莉人生：童年的故事》
《茉莉人生2：回归的故事》
《茉莉人生》（漫画小说）
玛嘉·莎塔碧
潘塞恩图书出版公司（2004、2005、2007）

《先知》（1926年复印版）
纪·哈·纪伯伦
马蒂诺精品图书（2011）

《暗流长征》（传记）
坎蒂斯·米勒德
双日出版社（2005）

《运行与猎物：查尔斯·布可斯基的读者》（小说和诗歌）
由约翰·马丁编辑
哈珀柯林斯出版社（1993）

《塞缪尔·约翰逊的主要作品》（散文、诗歌、信件、杂志）
由唐纳德·格林编辑
牛津大学出版社（2009）

《勿失良辰》（中篇小说）
索尔·贝罗
企鹅出版社（2003）

《日落号列车》（戏剧形式小说）
科马克·麦卡锡
骑马斗牛士出版社（2010）

《白噪音》（小说）
唐·德里罗
维京出版社（1985）

《冬日笔记》（回忆录）
保罗·奥斯特
亨利·霍尔特出版社（2012）

第 9 章

电影

下面这些电影之所以榜上有名，是因为其中的每一部都涉及意识的一个方面，那些方面假如离开了影像和声音，很难表现出来。同时也都是不可多得的佳作，很具有观赏性（不用担心，其中没有无聊沉闷的作品）。正如前面的扩展部分，这仅仅是个开始，有更多内容等待你去发现。

我详细阐述了 10 部影片，希望能够解释被挑中的影片究竟有何闪光之处。不过，如果有机会，你还是要好好地欣赏一下这些影片，光看影评，多少还是有些"镜中月、水中花"的感觉。

改编剧本（2002）
导演：斯派克·琼斯

这是一个剧中剧,在电影中,好莱坞编剧试图将小说改编成电影剧本,并把自己改编的过程再融入剧本中。可能这样的描述不是十分贴切,但是如果你能看看,就能明白我的意思。

巴塞罗那(1994)
导演(兼编剧):惠特·斯蒂尔曼

我之所以提到这部影片,是因为其中的对话有意地展现了有意识的想法,如果不看影片,光看描述,你很难体会其中的精髓。这个导演还制作了另一个影片《迪斯科末日》,对其中的对话处理也采用了同样的方式。

潜水钟与蝴蝶(2007)
导演:朱利安·施纳贝尔

本片的主人公是一个非常成功的公众人物,但不幸的是,他突发重病,一下子失去了说话和活动的能力,全身只剩下左眼能够正常眨动。整部影片展现了一个安静的内心世界,我们跟随主人公一起,体会着单凭意识如何与这个世界互动。

勤杂多面手(2005)
导演:本特·哈默

改编自讽刺作家查尔斯·布可夫斯基的自传体小说,电影自始至终笼罩着困惑与绝望,从某种程度上,会引发观众的自我发现和自我实现。精彩的意识叙述更让影片锦上添花。

人狼大战（2011）
导演：乔·卡纳汉

本片的主演在电影中体验了从意识空间到无意识空间的闪回，并且导演将其完美地呈现在银幕上。随着影片的推进，观众将和主人公一起体验一场残酷的生存考验，以此来思考生命存在的意义。

惊爆内幕（1999）
导演：迈克尔·曼

男主角为了公众的利益，牺牲了事业、家庭，甚至还可能搭上性命。在影片中，导演将他的精神世界细腻地展现了出来。

万里追凶（2002）
导演：卡卢索

影片深入地剖析了主人公的人格变化。开始他只是想寻找灵魂，最后却不能确定他自己是谁，并且过上了一种新的生活，比他之前体会到更多生命的可能性。

西班牙囚犯（1997）
导演：大卫·马梅

人们是不是都像他们看起来的那样？当主人公陷入谎言和错觉的迷宫中时（通过演员痛苦的表演，慢慢地揭开他的身份），观众通过紧张又错综复杂的情节看到意识不断被颠覆。

血色将至（*2007*）
导演：保罗·托马斯·安德森

　　我之所以选择这部影片，是因为它拍得很隐晦，迫使观众自己构建主人公的内心世界，明白他除了明显的物质诱惑之外不择手段要成为石油大亨的动机。

香草天空（*2001*）
导演：卡梅伦·克罗

　　潜意识的力量是无穷的。如果你的生活能够重来，你希望做出哪些改变呢？你可能心里已经有了答案，但是在你给出答案之前，你应该问一问，你的潜意识能随心所欲地让生活倒带吗？这部电影就包含了这两个问题的可能答案。

■ 延伸的电影库

美国丽人（*1999*）
导演：萨姆·门德斯

猫屎先生（*1997*）
导演：詹姆斯·L.布鲁克斯

征服钱海（*2000*）
导演：约翰·史旺贝克

妙想天开（*1985*）
导演：特瑞·吉列姆

公民凯恩（*1941*）
导演：奥逊·威尔斯

英国病人（*1996*）
导演：安东尼·明格拉

暖暖内含光（*2004*）
导演：米歇尔·贡德里

大开眼界（*1999*）
导演：斯坦利·库布里克

搏击俱乐部（*1999*）
导演：大卫·芬奇

渔王（*1991*）
导演：特瑞·吉列姆

被禁锢的女孩（*1999*）
导演：詹姆斯·曼高德

心灵捕手（*1997*）
导演：格斯·范·桑特

罪孽天使（*1994*）
导演：彼得·杰克逊

暴力史（*2005*）
导演：大卫·柯南伯格

金梦（*2011*）
导演：维克拉姆·甘地

大卫·戈尔的一生（*2003*）
导演：艾伦·帕克

迷失东京（*2003*）
导演：索菲亚·科波拉

127小时（*2010*）
导演：丹尼·鲍尔

码头风云（*1954*）
导演：伊利亚·卡赞

小岛惊魂（*2001*）
导演：亚历桑德罗·阿曼巴

壁花少年（*2012*）
导演：斯蒂芬·切波斯基

澎堤池（*2009*）
导演：布鲁斯·麦克唐纳德

朗读者（*2009*）
导演：史蒂芬·戴德利

深海长眠（*2005*）
导演：亚历桑德罗·阿曼巴

肖申克的救赎（*2005*）
导演：弗兰克·德拉邦特

出租车司机（*1976*）
导演：马丁·斯科塞斯

12只猴子（1995）
导演：特瑞·吉列姆

飞屋环游记（2009）
导演：彼得·道格特，鲍勃·彼特森

非常嫌疑犯（1995）
导演：布莱恩·辛格

勇士（2011）
导演：加文·欧康诺

> 我从来都不是一个聪明的
> 人。人们说我聪明，只是因为我
> 思考问题的时间长一点罢了。
>
> ——阿尔伯特·爱因斯坦

第 10 章

术语表

在这一章中出现的定义不仅包括贯穿这本书的术语，还包含了一些关于未来元认知研究的提示以及一些相关的概念、人物和理论。考虑一下，将这个术语表作为额外学习的开端。

应变稳态（allostasis）——系统对不断变化着的环境做出反应来维持平衡的倾向（见自稳态）。人类大脑始终处于应变稳态之中，因为它必须时刻适应瞬息万变的内外部环境，从而保护、恢复甚至提高自身的平衡状态。

空白意识（anoetic）——意识状态的最低级形式，并且只能局限于当下。举例来说，一只蚂蚁能够对当前刺激做出反应，却不能进行自我反思（自知意识），也不能参考一个由刺激产生的内部表征

（知道感），蚂蚁的反应纯粹出于本能，不带有任何形式的内在的、有意识的反思。

注意力（attention）——把感觉聚焦在一个具体的刺激上的能力。人类大脑可以在某一时间将注意力完全集中在一个刺激物上。同时注意多个物体，对我们来说是个挑战，这样会增加犯错的概率，除非其中的某些刺激能够自动化地进行加工（例如，我们可以边开车边嚼口香糖）。

注意力密度（attention density）——投入到大脑中一个特殊回路的注意力的数量和质量。举个例子，有了集中的注意力，大脑将会以全新的形式启动神经元。倘若这种专心保持一段时间，这类神经元连接就会发生变化，在大脑中永久地保存下来。

自动化（automaticity）——无意识使用的一种"捷径"，保证行为不需要心理加工。关于它有个经典的例子——"路上的蛇"，讲的是，当我们看见路上形似于蛇的物体时，不等做出肯定判断就会自动跳开。我们不必特意去考虑之前的行为，因为它是通过大脑在环境中识别的模式而无意识诱发的。

自动思维（automatic thoughts）——产生于无意识的想法。

自知意识（autonoetic）——意识的最高级形式，是自我反思和自我认知的缩影。

基底核（basal ganglia）——包埋于大脑髓质中的灰质团块，深埋于大脑基底部的复杂回路，负责微调与协调运动，在有意识动作前活化。

盲视（blindsight）——尽管没有有意识的视觉体验仍能对视觉刺激作出反应的能力，常出现在某种形式的脑损伤之后。

组块（chunking）——大脑从没有规律的数据中提炼出信息并对信息进行组合的模式。学习或记忆的单位就是组块。

认知行为疗法（cognitive behavioral therapy, CBT）——一种通过调整思考环境因素（压力、人际关系、时间约束、瘾源等）的方式来改变人们的情绪反应的实践活动。这种思想流派的创立者是心理学家艾伦·贝克。

认知扭曲（cognitive distortions）——在认知心理学中，认知扭曲指的是那些被夸大的或者不合逻辑的想法。驳斥这些想法的过程被称作"认知重建"。

陈述性元认知（declarative metacognition）——注重事实和实际概念的元认知，与理论的或抽象的概念相反。

辩证行为疗法（dialectical behavioral therapy, DBT）——把专注力作为核心概念的一种治疗形式（有时也用作元认知的同义词）。用辩证行为疗法的说法就是，专注力帮助人们接受和包容因面对困难而产生的不安情绪。

自我失调（ego-dystonic）——自动化想法不能与个体的自我意识保持一致的状态。

自我对称（ego-symmetric）——面对自动化想法，既不选择自我协调，也不选择自我失调，而是从那些想法中脱离出来，并改变普遍的默认反应的状态。

自我协调（ego-syntonic）——自动化想法与个体的自我意识保持一致的状态。

具身模仿（embodied simulation）——这个理论试图解释个体在观察他人活动时通过镜像神经元使大脑发生的变化（见镜像神经元）。个体在大脑中将他人的活动具体化了，换句话说，形成了一幅映射出他人活动背后暗藏的脑图像的神经脑图像。

文化情绪理论（enculturated emotion theory）——该理论认为，人们的情绪意识大部分依赖于他成长的文化环境。

认知的（epistemic）——描述解决一个认知任务时的感受。比如知道和忘记的感受、自信和不确定的感受以及舌尖现象。

外感受性（exeroception）——一个人是如何脱离自己的身体来感受外部世界的（相对于本体感受和内感受知觉来说）。

知晓感（feeling of knowing, FOK）——评估元认知觉察的两种主要手段之一（另一种是学习判断），当描述一个事物时，个体确定自己能够回忆起这个事物的程度。它不是真的回忆，而是关于回忆的感受。例如，让某人说出一个以错综复杂的街道分布而闻名的城市，她会说"她好像知道"，一旦在地图上指出意大利、威尼斯，这种感受就会得以确定。"舌尖现象"就是这种知晓感的典型例子。

前脑（forebrain）——人脑的主要部分，包括端脑、视丘和下视丘。

赫布定律（Hebb's rule）——以唐纳德·赫布命名的定律，主要描述的是神经可塑性的基础，"一起受到刺激的神经元会联成网络"，赫布定律对于了解人类大脑是如何接受新的信息并形成网络来说至关重要。

高阶思维（higher-order thinking, HOT）——高阶思维涉及对复杂的判断技巧的学习，包括批判性思维和问题求解。

内稳态（homeostasis）——一个系统的内部平衡状态。人类大脑在进化中不断地寻求内稳态，而不是太多或极少压力的极端的情况。

岛叶皮层（insular cortex）——也称作"岛叶"，它是位于颞叶和额叶之间的深壑。

意向性（intentionality）——意向性指的是大脑表征或代表事情、属性和事件状态的能力。说得更具体一点，是表征其他个体心理状态的能力。"意向性水平"指的是我们假设他人心理状态的能力。一阶意向性是反思自己思想（或心理状态）的能力，二阶意向性是假设他人心理状态的能力，三阶意向性是他人假设第三方心理状态的能力，四阶意向性是指对正在假设第四方心理状态的第三方人的心理状态进行假设的人的心理状态进行假设，依次类推。研究认为，只有人类才具有三阶及三阶以上的意向性，最高可达六阶。而非人类的灵长类动物，似乎只拥有一阶和二阶意向性。

内感受知觉（interoceptive awareness）——对内部身体功能的知觉。"内感受器"指的是专门的感觉神经接收器，感受并对来自身体内部的刺激做出反应。

内省错觉（introspection illusion）——所谓的内省错觉是指，

我们认为自己能够完全洞悉发生在无意识中的动态过程。但是事实上，我们仅仅能够了解发生在意识空间内的活动。换句话说，内省仅仅局限于意识空间。

Ipsundrum——心理学家尼古拉斯·汉弗莱提出的一个术语，指的是当大脑产生一个假设的图像，对一个未知来源的感觉刺激进行反应时创造的东西。这个假设的图像就叫做"Ipsundrum"。

学习判断（judgment of learning, JOL）——元认知觉察的两大主要评估手段之一（另一个是知晓感），确定个体是否通过元认知锻炼来提高学习新信息的能力。有研究表明，做出已经学习过信息的积极判断确实能够促进真正的学习。

左脑翻译器（left-brain interpreter）——由神经科学家迈克尔·加扎尼加（Michael Gazzaniga）提出的术语，指的是左脑通过使新信息与之前的经验相符，构建解释赋予世界意义。左脑解释器试图把接收到的新信息合理化、普遍化，从而使过去和现在保持一致。

元认知（metacognition）——从字面上来看，元认知意为"对思维的思考"，指的是人类所独有的从一种心理分离的角度对思维过程进行反思的能力。这种能力产生于前额皮层（人类大脑最后才进化出的部分），而前额皮层常常扮演着高阶意识思维控制中心的角色。

元认知觉察（metacognitive awareness）——人体发展元认知能力所到达的程度。个体的元认知觉察能力越高，他越能从有意识思维过程中分离出来，在其进入行为阶段之前，对思维进行评估。

想象力（metaphor quotient，MQ）——由作家丹尼尔·平克提出的术语，指的是个体了解和加工比喻的能力。

元表征（metarepresentation）——使心理表征视觉化的能力。常常与"心理理论"和"心理剧场"等术语一起使用。

中脑（midbrain）——另一种英文表达方式为"mesen cephalon"，是位于前脑和脑干之间的人脑区域。主要涉及类似于眼球运动和身体运动以及二者与视觉、听觉等感觉线索结合后的控制。包括基底核部分。

专注力（mindfulness）——辩证行为疗法的核心，帮助个体观察、评估和更好地容忍情绪状态。与元认知紧密相连，在某些情况下，这两个术语可以相互替换。

心灵之眼（mindsight）——由心理学家丹尼尔·西格尔提出，"心灵之眼是我们把注意力集中于内心世界本质的方式。通过它，我们将意识集中于自身，集中到思想和感受上。借助心灵之眼，我们能够聚焦于他人的内心世界……它是我们洞察自身，与他人获得同感的方式"。

镜像神经元（mirror neurons）——一类很有特色的神经元，在个体做出一个动作或者个体看到他人做出相同或类似的动作时都会放电。例如，当某人看到另一个人哭时，镜像神经元就会发挥作用，使他也感到悲伤。研究者认为，镜像神经元是同情心的必要因素。

幼态持续（neoteny）——幼时的特征长时间地存在于一个物种的成年期。举例来说，人类通过在成人期保留襁褓时的大头和无毛等特点来展现幼态持续。

神经反馈（neurofeedback）——从理论上讲，在某一特定时间，关于神经功能的信息能够用在神经反馈训练中，保证人们改变他们的思维和行为结果。类似于生物反馈，神经反馈将相同的原则适用于所有的身体功能。举例来说，早上当你踏上体重秤时，你正在接收一种关于你身体的生物反馈。当个体正在接受核磁共振扫描时，他们通过接收关于特定神经功能的大脑成像来接收信息。

神经可塑性（neuroplasticity）——为了回应我们的所做所感，大脑改变自身的方法的集合。神经可塑性与"我们能够改变自身思考的方式"的理论一脉相承。

新的无意识（new unconscious）——相对于弗洛伊德提出的"无意识"，现代认知科学中所使用的无意识有着很大的不同。尽管他对这一领域有着卓越的贡献，但是鉴于近半个世纪以来的研究成果，他的无意识概念已经不太准确。

理智（noetic）——一种半意识状态，处于这种状态之下时，会做关于内部表征的判断（例如，看到一只熊时，会引出先前学习到的内部判断，即熊是危险的。）

相对历程论（opponent process theory）——情绪的相对历程论指的是情绪反应会相互进行平衡。例如，大喜过后，根据相对历程理论，人体可能会体验到挫败（正如在药物和酒精成瘾中出现的情况）。该理论与心理学家理查德·所罗门的工作联系紧密。

前额叶皮层（prefrontal cortex）——额叶上最前端的大脑区域。

主要涉及计划和包括元认知在内的其他高级认知。

感知（perception）——对感觉输入（见感觉）来源的觉知。感知是种主观能力，因为每个人感知到的可能都与他人存在区别。例如，两个人同时穿过一片森林，突然听见一块很大的石头撞击树的声音。一个人可能把这理解为偶然事件（这块石头可能从附近的山上滚落下来），但另一个人却理解为有人蓄意为之（对路过的人的一个警告）。

语音复原效应（phonemic restoration effect）——一种知觉现象，在某种特定条件下，大脑能够幻化出从一段语音信号中缺少的声音，并清晰地听到它。当语音信号中缺少的音素被白噪声代替时，这种效应便会发生，我们的大脑会把缺少的音素补齐。这种效应如此强烈，以至于听者甚至都不知道有音素缺失。这种现象常常出现在有强烈背景噪声的谈话中，有了强噪声的干扰，使得人们很难清楚地听到发出的每一个音素。这种效应受到不同因素的影响，例如，年龄和性别。

实用主义适应（pragmatic adaptation）——大脑要不断适应着瞬息万变的内部世界和外部环境（包括生活的社会与文化环境，也见应变稳态）。

本体感受（proprioception）——肌、腱、关节等运动器官本身在不同状态（运动或静止）时产生的感觉（例如，人在闭眼时能感知身体各部分的位置）。

心理免疫系统（psychological immune system）——对于人类

心理韧性的一个比喻。从理论上来说，心理免疫系统保护我们不受创伤和其他负面情绪事件的伤害。

量子芝诺效应（quantum Zeno effect）——量子物理中的术语（由得克萨斯州大学的乔治·苏达山和拜迪亚纳特·米斯拉在 1977 年提出），被扩展至神经科学中。精神病学家杰弗里·施瓦茨对其下了一个简要的定义："应用于神经科学的量子芝诺效应表明，集中注意力的心智活动可以停留在与关注点相关的大脑回路上（例如，疼痛和疼痛缓解）。把注意力集中在心智体验上维持住了与体验相关的大脑状态。这意味着如果一个人把注意力集中在某种体验上，与体验相关的大脑回路便会保持一个动态的稳定状态。"

网状激活系统（reticular activating system，RAS）——这个大脑区域充当着大脑皮层与边缘系统之间的拨动开关的角色。当大脑皮层充分发挥作用时（创造、计划、解决问题），网状激活系统就会减少或叫停边缘系统的活动（应对压力、战斗或逃跑）。但当大脑处于极端的压力下，网状激活系统就会关闭大脑皮层的功能。

科学帮助（science-help）——从可靠的、以实验为基础的发现中得出有用结论的一种形式。那些发现源于多个领域，包括心理学、神经科学、经济学、生态学、传播学、企业管理和市场营销等。

脚本（scripting）——在心理学中，脚本指的是先前已经自动化的行为，不需要有意为之就能影响后来的想法和行为（例如，像一个"剧本"一样在心智中运行的无意识归纳学习）。

自我效能（self-efficacy）——个体相信自己能够成功地做成某

事。一个人的自我效能在促使个体达到目标、面对挑战时起很大的作用。自我效能的概念以班杜拉的社会认知理论为基础，该理论强调观察学习和社会体验，在人格发展中起到了重要的作用。根据班杜拉的理论，具有高自我效能感的人更倾向于克服困难，而不是逃避现实。

自我意象（self-image）——个体的自我概念，包括对自我品质和个人价值的评估。

感觉（sensation）——当一个刺激作用于感官的感受细胞时，启动的低级生物化学和神经活动的功能，是感知前的心理状态。

sentition——由心理学家尼古拉斯·汉弗莱提出，指的是被个体心智监控的感觉。举例来说，当你看到红灯亮起时，对灯的"红色"的内化反应引起了一种内在感觉。你的心智常常在监控这类内在感觉，这种监控活动就是"sentition"。

幸福感定点论（set-point theory of happiness）——每个人对于幸福，都有一个不同于他人的内在标准。有些人的标准很高，有些人很低，另一些人则处于中游。无论我们体验过怎样的高度和低度幸福，该理论认为我们最终将回到一般的幸福水平。

信号检测论（signal detection theory）——对具有强度比例的刺激（例如噪声的大小）和你的生理、心理状态（例如你的警觉性高低）进行探测的能力或可能性。

生存价值（survival value）——机体和行为为增加其生存和繁殖概率所带来的价值（例如，人类的高阶意识和元认知能力都具有极高的生存价值）。

心理理论（theory of mind, TOM）——主要用来解释我们怎样把心理状态归因于他人以及我们如何利用先赋状态来解释和预测他人的行为。除了儿童早期，人们在各个阶段几乎都能使用这种技术。有时，与"元表征"和"心理剧场"等术语一起使用。

舌尖现象（tip-of-tongue state）——没能从记忆中成功地提取出词汇，同时伴随着一种即将能从记忆中捕捉到这个词的感受。舌尖现象是关于"认知的感受"和"知晓感"的例子。

附 录

BRAIN CHANGER

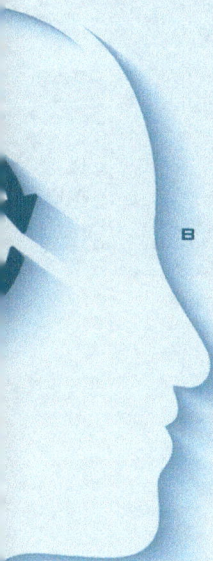

B R A I N   C H A N G E R

什么是科学帮助

自从我出版了《疯狂行为学：来自猩猩的你，为什么总会失去理智》这本书，经常有读者希望我能详细阐述本书绪论部分提到的"科学帮助"一词。

其实，我用这一术语来区分关于心智和人类行为的两种写作方法。"方法"是关键，因为我对书的类型不感兴趣。如果你随便浏览一下书店的自助类书籍，会发现种类非常繁杂，你可能在励志演讲书旁边发现人际关系学方面的书。要辨别用来分类的方法非常困难，尤其是在一间大书店，这会是个浩大的工程。

事实上，"科学帮助"也并非好书坏书之间的基准线，自助是个很宽泛的领域，其中也不乏深刻、有分量的好书。有三本自助书是我非常喜欢的，并且直到现在我仍然认为这三本是我藏书中最好的。它们分别是丹尼尔·吉尔伯特的《哈佛幸福课》、乔纳森·海特的《象与骑象人：幸福的假设》以及米哈里·契克森米哈赖的《专注的快乐：我们如何投入地活》。

我能够明白那些书属于自助范畴的原因，但是这并不重要，真正重要的是人们在众多书目中发现并阅读它们。与书是如何被分门别类相比，它们是如何影响人们的生活则重要得多。尽管我不认为那些书是自助类书籍的代表作，但是它们或多或少体现了自助类书的部分特点，我们不能对自助类书籍全盘否定。

我想要通过科学帮助传递给人们的是，我们中的一些人所写的关于心理学或认知科学方面的书的内容可以应用到日常生活中。但是，从科学到应用要走一段漫长的路。用我自己的经历举个例子，在过去的三年里，我一直在阅读和撰写心理学、行为科学和神经科学方面的最新研究，并和这些领域的领军人物保持交流，以获悉最新的研究动向。而在此之前，我花了超过 15 年的时间潜心从事社会科学方面的研究，原因仅仅因为我热爱它。

科学帮助首先是由科学定义的。从科学中提炼出可应用的教程必须是个很谨慎的过程，我们不得不谨慎处理所要陈述的内容，因为我们所提供的教程大多以高相关为基础，但高相关并不代表直接的因果关系。"科学第一"的方法意味着我们不能给出绝对正确的结论，却能提供根据科学实验结果得出的建议。

大多数人太过倾向于依靠某种特定的模式来获得更好的生活。在最近的几十年里，自助为宣扬那种模式的书提供了广阔的平台，但读者们从琳琅满目的自助书中收获甚少。

科学帮助跳出了这个舞台，并发出疑问："人们写那类书的真正目的是什么？"如果答案是希望人们能从他们发现的知识中长期获益（而不是在读着优美文字的那一刻感觉良好），那么作者们就有责任在动笔之前进行艰辛的科学探索。

最近有读者问我，科学帮助是否应该成为书店中一种新的类别。这是个很有趣的想法，并且我相信有相当数量的科学帮助类书籍可以把这个类别发扬光大。然而，不管这是否成真，重要的是读者们学会了区分和判断书的类别。

我个人认为，市面上已经有太多关于奥秘和模式的书，人们需要更多地使用对深奥科学著作的合理分析。自助取向过度渲染了效果，很多事情它根本解决不了，而科学帮助方法尽管没有做出任何承诺，却给出了可能会使人们受益的关于人类思维和行为的新见解。简而言之，以上就是科学帮助包含的全部内容。[1]

附录 B

为什么我们需要实用科学

　　自从我开始为一些出版物撰写科学题材的文章，我不经意间发现自己有时在讨论科学在发现真相上的作用。有一个观点暗藏在那些激烈的讨论背后——人们对科学的期望过高。

　　这个观点有着两个极端的来源。首先最明显的是神学。根据这种来源，科学已经被错误地当成了神学的替身，我们对科学的信仰其实是对一种更强大力量的信仰。如果人类一开始就受到来自造物主的制约，那么，究竟是什么使我们认为能够凭借科学陈腐的解释力量去冒充所谓的王者？就好像爬上大本钟向天空射箭一样，这不单是自大，更是对上帝的不敬。简单的崇拜让我们变得盲目。

　　观点的另一个来源是后现代无神论。从这种

来源来看，跟前者一样，科学同样代替了上帝的位置，但是又因为一开始上帝就不存在，所以科学和它代替的事物一样，只是一个空壳子。在某种意义上，这种来源比神学更加批判科学，科学能把我们从战争、宗教冲突、疾病和灾难中拯救出来吗？科学至多能够治愈感冒，却不能使人类避开初始的野蛮，历史上的血腥时期就是它失败的证明。

这两种来源有着共同的敌人，我称之为"科学的强硬位置"，就是通常意义上所说的"科学主义"。这个强硬位置意味着全或无：科学要么是能够揭示所有真相、引领我们走向美好未来的最高级科学，要么什么都不是。但是，无论如何，我们必须尊敬科学，因为只有它，才能引领我们去想去的地方，获得想得到的东西。它同其他获取知识的途径截然不同，因为其他途径或多或少都带有一点主观性或偏见，只有以经验主义为基础的科学才能发现客观的真相。

然而，值得一提的是，就我个人而言，我没有看到谁能够完全把握住科学至上的原则，也很少读到以这个为视角的书。总的来说，这有点像个稻草人靶子，就像无神论者把所有的基督徒都当成是憎恨科学的基要主义者。

我个人认为，稻草人靶子还有另一个替代物——"科学的实用位置"（这里我不会使用"温和"这个词，因为它代表的意思不适合此处）。"科学的实用位置"是将科学作为发现我们在这个世界乃至整个宇宙中所处位置的最好工具之一。科学是我们发现真理最有效的工具，但绝不是唯一的工具。逻辑学、哲学和人类学也都以它们独有的方式丰富人们的知识，扩大理解范围，帮助人们生活得更好。

这个实用位置不需要科学，不需要任何科学家。引用实用主义哲学家理查德·罗蒂的话（他改述了丹尼尔·丹尼特的话）就是，所谓的能将人从他自身位置上移开，置于一个能看到事物"真实面貌"位置上的神奇"天钩"，根本不存在。人类总是有着偏见的倾向，并且尽管我们试着从不同角度看世界，却依然是借助我们自己的眼睛。

因此，我们才需要一种叫做科学的工具。一个人没有办法移动巨石，但是有了正确的工具，却能够完成不可思议的事情。有了科学这个工具，我们可以完成超越有限能力的事情。但是，它不是一个完美的工具，也不能解决所有困扰着人类的问题。但是同人们用来探索世界的其他方式相比，它可以算得上是最好的一个。

为了回应那些把态度强硬的稻草人当作目标的人，我们可以提出这样的问题，如果没有科学工具，我们现在会怎么样？举个例子来说，对于那些依然威胁人类生命的疾病，某些病可能因为坚定的科学探索而被治愈，或者得以缓解。还有，对于那些因为人类而遭受灭顶之灾的物种来说，有些物种可能因为人类更好地了解了自然界或是人类行为的影响力而受到保护。

这样的例子实在是难以计数，但重点都是一样的，只要我们生存在这个世界上，我们就不可能摆脱种种问题。但是，只要将科学置于我们的工具箱中，我们就有办法应对其中的许多难题。

把稻草人作为靶子引起了一片争论之声，但当涉及要找出一个具体的、能代替科学解释和教化作用的工具时，也无从找起。如果神学和后现代无神论能够扩展我们的认识、提高生存质量，那么我们绝对有理由像珍视科学一样去珍视它们，但事实是，它们做不到。

相反，科学才是光明大道，但它不是唯一的道路。然而，没有科学这一工具，我们难以走远。甚至，我们可能早已进入了一个死胡同。[2]

附录 C
科学交流的挑战

（为什么科学家和记者总是不能和平共处）

几个月前，我偶然间看到一篇博文，其作者是一位声望显赫的科学家，主旨是他最近一次接受记者采访也是最后一次。他的话在记者的报道中被严重歪曲，以至于他强调，他不会再为伪大众科学做任何事情。很显然，他怒不可遏，而且理由充分，那篇报道不仅使他名誉受损，而且也没体现他所讨论的研究重点。

那件不愉快的事触及在科学家和记者之间酝酿已久的一场讨论，最近，它浮出了水面，表现在博客、微博和 Facebook 的帖子上。在某种意义上，争论永远不会结束（因为这些辩论从未结束过），而且这场讨论涉及的不仅仅是争论的双方。讨论着重于大众所接受的科学知识究竟是更好还是更差。并且，如果你认为公共教育很重要，那么你肯定知道相关的风险并不小。

我同争论的双方都有过交流，有着深刻的体会。虽然科学家很少贬低所有的记者，但是平心而论，大部分科学家都对记者持怀疑态度。并且记者尽管不喜欢，但也习惯了被科学家怀疑。

而他们把科学家的怀疑归咎于从事技术类学科而形成的人格。正如一位喜欢挑剔细节的工程师告诉我的："即使你没有犯错，我也忍不住去纠正你。"简单来说，那就是记者所谓的技术／科学型人格，至少记者们是这么看的。

如果这场讨论真是那么简单纯粹，我们可以把它撇在一边，只当是专业人士之间的一场古怪比赛。但事实不是这样，这场讨论涉及的问题比人格类型问题和语气问题要严重得多，就我看来，最棘手的就是不信任。

科学家之所以不信任记者是因为市场需要往往会影响报道的内容。如今，网络新闻正在占据传统新闻业原有的市场份额。许多记者被迫成为少量仅存的新闻集团的雇佣兵。在市场环境下，记者想要生存下来，必须承受巨大的工作压力，在特定的时间内制造出数量惊人的新闻。

甚至在网络新闻风行之前，记者对新闻内容的审核也日益宽松。为了保住工作，记者不得不在原有素材的基础上添油加醋，来吸引大众的眼球。

在这个漩涡中，作为记者素材来源的科学家们，越来越担心记者会为了吸引读者而降低他们的发现的真实性。使新闻有吸引力常常意味着要掩盖关键性区别，比如说联系和起因之间的区别（联系从来不像起因那么有吸引力）。

同样地，记者们常常会故意漏掉科学发现的周边环境，或者前提条件。研究中不太确定的结论在报道中却神奇地变成了"A+B=C"。如果科学家只是说会大范围地应用发现的成果，到读者看到报道时，很可能变成了应用已经产生了巨大的影响。

但是，从另一方面说，记者怨恨那些批评总是不公平地诋毁他们的职业。事实上，对主要聚焦于科学话题的作家来说，"回答正确"从来都不是学术练习，它是一种真诚的愿望。任何一位严谨的作家都会认真对待选定的主题。

当然，那并不意味着科学记者们总是能够"回答正确"。但是据我所知，许多记者都承认这一事实，并且他们和科学家一样对此感到苦恼。与此同时，一些科学家也会夸大一下研究成果。当一个略显夸张的科学家碰上了一个草率成事的记者，就会引起一场巨大的风波，比如疫苗会引起自闭症这类报道。

长久以来，许多记者总是这样回击科学家："如果没有记者的传播，很少有人会了解科学家的研究。"然而，这种说法完全不适应于这个信息高速发展的时代。许多科学团体开设了自己的博客，向大众普及科学知识；而一些制作精良的科学杂志也慢慢地出现在当地书店的书架上。

谢天谢地，好歹还是有个折中之法。一些科学家和记者选择了"相信，但是要核实"。我相信这是我们期望能够得到的最好结果。科学家有权知道他们的工作成果将会以怎样的面貌呈现在世人面前。

如果他们对记者抱有完全的信任，相信他们能够很好地把握主题，那么记者也应该投桃报李，在使报道生动吸引的同时，力求最大程度的真实性。那就意味着记者要检查、再检查，确保科学家的工作成果得到尊重。

当事双方都有自己应做的事情。当科学家和记者各自扮演好自己的角色，相互信任时，优秀的有事实依据的报道就诞生了。你可以去读读卡尔·齐默、耶拿·平科特、瑞·赫伯特、瑞贝卡·斯克鲁、戴维·多布斯等人的作品，领略一下杰出的科学成果与优秀的作者碰撞出的耀眼火花。

附录 D

向大脑改造之父——威廉·詹姆斯致敬

尽管要在众多伟大的先哲中选择一个为我们对适应性大脑的理解做出突出贡献的是件很难的事，但是在这节我仍然要向一位先驱致敬，他就是威廉·詹姆斯（见图 D-1）。

"人类通过改变内在的思想意识可以改变他们生命的外在方面。"

图 D-1　威廉·詹姆斯
（1842 年 1 月 11 日—1910 年 8 月 26 日）

詹姆斯成功地诠释了何为"超越时代"。在神经系统科学为类似于"自动化"这种概念提供科学支持之前，詹姆斯已经写出了关于它们的文章。同时，他也是实用主义之父，实用主义是本书以及其他专注于用实证来追求"什么起作用"的书的哲学基石。

下文是对詹姆斯著作的一个总结，方便读者参考阅读，感受他的智慧之光。

■ 威廉·詹姆斯的著作

◎ 著作集

1. Frederick H. Burkhardt, ed. *The Works of William James*. Cambridge and London: Harvard　University Press, 1975.

2. *William James: Writings 1878-1899*. New York: The Library of America, 1992.

3. *William James: Writings 1902-1910*. New York: The Library of America, 1987.

◎ 个人文集

1. *Essays in Philosophy*. Cambridge and London: Harvard University Press, 1978.

2. *The Meaning of Truth*. Cambridge and London: Harvard University Press, 1979. Originally published in 1909.

3. *A Pluralistic Universe*. Cambridge: Harvard University Press, 1977. Originally published in 1909.

4. *Pragmatism*. Cambridge: Harvard University Press, 1979. Originally

published in 1907.

5. *The Principles of Psychology, Vols. I and II*. Cambridge: Harvard University Press, 1981. Originally published in 1890.

6. *Some Problems of Philosophy*. Cambridge and London: Harvard University Press, 1979. Originally published in 1911.

7. *Talks to Teachers on Psychology; and to Students on Some of Life's Ideals*. New York: Henry　Holt, 1899.

8. *The Varieties of Religious Experience*. New York: Longmans, Green, 1916. Originally published in 1902.

9. *The Will to Believe and Other Essays in Popular Philosophy*, Cambridge and London: Harvard University Press, 1979. First published in 1897.

◎ 随笔

1. " Philosophical Conceptions and Practical Results," 1898. Contained in *Pragmatism*, pp. 255-70.

2. " Remarks on Spencer's Definition of Mind as Correspondence," first published in the *Journal of Speculative Philosophy*, 1878. In *Essays in Philosophy*, pp. 7-22.

◎ 书信

1. *The Correspondence of William James*. Ignas K. Skrupskelis and Elizabeth M. Berkeley ed. 12 volumes. Charlottesville and London: University Press of Virginia, 1992.

2. *The Letters of William James: Edited By His Son, Henry James*. Boston: Atlantic Monthly Press, 1920.

3. *Selected Letters of William and Henry James*. Charlottesville and London: University Press of Virginia, 1997.

后　记

　　作者大卫·迪绍夫生活在一个高速发展、人类大脑受到科学和文化交互影响的时代，承受着自己的言论不断被人们生活检验的压力。《元认知：改变大脑的顽固思维》这本书，是大卫·迪绍夫的处女作《疯狂行为学：来自猩猩的你，为什么总会失去理智》的后续，但又做出了重要的突破，它将读者从模糊的自助解决方式中释放出来，进入一个新的领域——科学帮助（迪绍夫在第一本书中提到了这个术语）。

　　在《疯狂行为学》这本书中，迪绍夫用一系列确凿的科学事实证明了一个有点令人沮丧的命题，即人类大脑在自然选择的过程中，不可避免地会犯错误，而且人们往往不自知。更糟糕的是，在社会环境下，对那些心智缺陷的集体忽视（技术创新和进步使其加剧）导致了一些文化的随意组合，并交由规则和限制来进行统治，而这些规则和限制通常都难以把握，最后只剩下遵从。换句话说，迪绍夫的第一本书是关于当面对文化刺激时，我们的大脑会遇到哪些问题，并且他用进化的解释向读者展现了一个毋庸置疑的事实：人类生存的质量，以及随之而来的在更宽广的社会环境下对幸福的追求，受到了大脑预先设置的严重束缚。

　　在本书中，作者为这个进化困境提供了一个可能的解决途径。他引入了元认知、有意识的自我叙述、实用主义的适应等新颖的概念，给予了人们希望，大脑本身是个奇迹，它有能力避免那些自身设置的缺陷。并且，迪绍夫引用了许多现代科学发现来支持这一观点。迪绍夫成功地使读者相信大脑具有认识自身缺陷的能力。同时，他拆解了与文化刺激的内在系统有关联的复杂模式，那些文化刺激直接影响了许多人类典型的自我毁灭性行为。一个读者反映，他精通计算机的女儿读了《疯狂行为学》这本书后，惊叹："作者向我展示了如何开辟一个自身的子回路。"

但是，对于迪绍夫乐观地认为人类有能力克服大脑与生俱来的自我毁灭的回路缺陷这一点，我不得不提出一个严重的警告。他的整个假设都建立在过度人性化的意识上，他认为个体必须采取直接行动去应对他们自身的认知行为偏好。

在这个部分中，迪绍夫没有考虑到一种通常的情况，大多数人沉溺于惯性和自然倾向中，选择了最危险的道路。

正如半个多世纪以前，沃尔特·李普曼说过的那样：

人们经常说要成为自己灵魂的主宰。但实际上这很难做到，只有一小部分英雄、圣人和智者，在他们人生的某个特定阶段真正驾驭了自己的灵魂。而大多数的人，在体验了一点点自由的滋味之后，更喜欢通过努力得来的名利。

我们暂且把警告置于一边，迪绍夫的乐观在本书中随处可见，他的解决之法有着坚实的科学基础，听起来像对人类内心的诗意充满向往。并且，迪绍夫鼓励他的读者采取行动，在任何文化环境中，去追求一个理性的人能够接受的任何热情。

如果有人想要知道迪绍夫如何实现他对这个解决之道的承诺，只需要看看他的日常生活。某天，也许你会发现他坐在最钟爱的街角咖啡店，面前的桌上摆满了书和研究资料，而他则埋头其中，为他下一部书、文章或者博文做准备。

"伴随着后现代主义"，迪绍夫后来给我打电话的时候这样说，"大众依然不能确定究竟是什么构成了我们的文化。但是，那不应该妨碍我们从实用主义出发，去适应文化的需求。"于是，我问他"那么是什么人创造了文化？"他简短地停顿了一会儿，回答说，"我想答案很明显：行动的人们"。

随着我们谈话的深入，迪绍夫强调了采取行动的重要性，他提到了弗里德里希·尼采发表的关于历史的使用和缺点的论文的深刻含义。那些论文合成了一本书《不合时宜的沉思》，在这本鲜少有人耳闻的书中，尼采这位德国哲学家使用了一种聪明的咒语去严惩那些吸取了沉重的历史教训，却没能采取个人行动去寻求积极的、富有冲击力的文化的人："我痛恨所有试图指导我，却不能让我有所进步，或直接激励我行为的事情。"

他继续写道：

这些话出自歌德，并且它们在我们开始沉思历史价值的时候起了作用。其作用是向我们表明：为什么没有激励的指导、没有行为验证的知识、奢侈的历史必须被我们严厉地批判。因为我们仍然没有得到需要的东西，多余是必要的敌人。

为了亲自验证尼采的激励概念，迪绍夫静静地坐着，像一颗正在倒计时间的定时炸弹，检验着他的书和文章中每句话的真实性，即便是他写下了那些文字。为了不让千千万万的读者游走在自我怀疑的深渊边缘，迪绍夫情愿自己饱受来自神经传导反馈回路杂音的折磨。从这个意义上说，他是一位勇敢捍卫读者利益的文化战士，不断实践着他的言论。

从这个角度来看，迪绍夫是典型的"实用主义的适应者"，尽管他不是第一个，但是他在发表论断之前，已经成功地运用最新的科学研究发现证实了他的论断。但是同时，他也是一个有着散文天赋的热血诗人。举例来说，"实用主义的适应"这个新兴词汇并不是一个来源于作者庞大词汇库的抽象概念。迪绍夫在自我反省、克服混乱生活里的大脑障碍的过程中，悟出了这个词语。只有他提出了这个词，因为这个词就是他自己的写照。

迪绍夫最喜欢的另一种说法是"向前聚焦"，并且每次当他无意间用到它时，我都会想起他 15 年前给予我的，关于"归因于策略"的忠告（当时我的创作遇到了瓶颈）。之后，我听从了他的建议。现在回想起来，对于我来说，为了寻找真真正正"做"的意愿，聆听了他的那番话，是多么的重要。

"你有效地使用了元认知觉察来改变当前局面。"他在《元认知：改变大脑的顽固思维》第 2 章中这样写道，并且他是正确的。但是此时此刻（距他第一次鼓励我采用元认知行为——归因于策略，已经有 15 年），迪绍夫关于向前聚焦于知、行和扩展的自我强压模式的忠告，得到了科学数据的支持。并且这也表明他至少与我的"大脑改造"理论有着积极良好的关系。因此，我不能避免这样的结论：一个作者也是他的读者，实现自我救赎的一部分。

"当我们提到'心智'时，"他写道，"我们实际上在讨论大脑、心智之间的相互联系，以及我们与他人心智产生的互动。"

用丹尼尔·西格尔的话来说，就是：

心智是身体的意外属性，并且联系是在内部的神经心理加工和相关的体验中产生的。换句话说，心智随机出现于遍布全身的周围神经系统，也产生于发生在联系中的交流模式。

写到这里，不难得出结论：大卫·迪绍夫要么艺术地隐藏在"科学帮助"的修辞面纱之下，他提出的新术语源于心理理论现代取向的全新综合，要么他的建议"我不是我"、"我是我们"真正地得到科学数据的肯定，并且这意味着我必须停止以自我为中心，在集体文化中与他人良好互动。这也解释了为什么迪绍夫在最近的电话聊天中，向我坦白他非常需要他的读者，就像他们需要他一样。

令人吃惊的是，迪绍夫认为，人类大脑进化发展的核心要素并非通过自然选择为多重任务处理服务，也不是为了社会隔离，这种观点表明选择在他人的利益上花时间，可能真的对我有好处（在不打破事物自然秩序的前提下）。

最后，本书表现了其作者的勇敢态度，这个斯巴达式的英雄人物将会采取行动使《元认知：改变大脑的顽固思维》成为《疯狂行为学》的恰当推论。我将会在我的书架上为他三部曲的最后一部留下空位，这第三部将会定义在社会环境下，一个"改造后的大脑"是怎样的，以及个体期望在文化瓦解的整体环境下，能够获得什么。

也许迪绍夫会为了读者的希望，一次又一次地与本能的自我毁灭行为对抗，并且告诉我们如何生活在一个没有文化的世界里，可能才是大脑发展的极致。

唐纳德·威尔逊·布什

洛杉矶，加利福尼亚

致　谢

　　想要完成像《元认知：改变大脑的顽固思维》这样一本书，离不开众多从事人类思维和行为研究的研究者的共同努力。在本书中，我援引了如此多的高校学者、私人实验室、公共研究机构的研究成果，在此，无法一一列举，但是在你阅读的过程中，你一定会注意到我标出了所有引用的地方。我认为本书像一条碎石小路，把读者引向另一番新天地，让他们对大脑功能产生新的理解。筑路的每一颗石子，都代表着一位研究者孜孜不倦的努力，他们穷尽一生都在回答着扩展人类意识的关键问题。

　　在这里，我特别想感谢珍娜·平克特，她慷慨地为本书撰写了序篇。珍娜是一位杰出的科学记者，她的序篇引人入胜，为本书创造了一个良好的开头。另外，我还要感谢我多年来的亲密伙伴，唐纳德·威尔逊·布什，他包揽了本书中的所有插图，并编写了后记。唐纳德如此的博学，使得他既能成功驾驭复杂的技术类主题，也能以通俗易懂的语言向大众阐释冷门的题材。

　　一路走来，我还得到了其他许多人的帮助，例如，约翰·谢德·维克，他踏实的态度使得我实事求是，还有鲍勃·范德沃特，他是我忠实的朋友，支持我走过每一阶段。

　　我非常感谢我的代理人，吉尔·玛萨尔，有了他的坚定支持，我才能无后顾之忧地做我想做的事。同样地，我要感谢《福布斯》和《今日心理学》的编辑人员，过去几年的合作十分愉快，希望以后能与诸位更多地合作。

我还要向出版本书的 Benbella 图书公司的所有工作人员表示诚挚的谢意。与 Benbella 团队合作的过程非常愉快，我很荣幸能与这么一群有着丰富经验、远见卓识的人一起共事。

除此之外，我很想对我的孩子，德温、科林、凯拉说一声，我真的很爱你们。你们是我一切成就的动力来源，再华丽的语言也无法诠释我对你们的爱。

最后，我想要感谢我的父亲，路易斯·迪绍夫，尽管他已离开我们很久了，但是本书就是为了向他致敬。是我的父亲教会了我如何辩证思考，他告诉我简单的答案常常是不正确的，无论它们看上去多么的真实。他的朋友们戏称他是"幸运的路易斯"，因为他是众所周知的扑克高手，但是我知道，他的智慧远远超过了他的运气。他是一位好人，同时也是一位高超的思考者。这本书就是为你而作，我亲爱的父亲。

《厨房中的大脑》节选[4]
咖啡因对你的大脑做了什么

　　我最近已经不喝咖啡了。对，我知道，你会问，为什么其他人也要这样做呢？对于我个人来说，这其中掺杂了一些健康因素，并且我对自己目前的表现很满意。尽管你在我戒掉它一段日子以后再问我，我可能会回答：这是我想做的事情中，最蠢的一件。

　　这种巨大的生活转变使我对咖啡因及其对大脑产生的影响萌发了浓厚的兴趣，因此，我做了一些实验。结果令人惊讶，咖啡因本身并不能使大脑兴奋，事实上这种人类最喜爱的饮料，往往是间接地发挥作用。

　　首先，咖啡因本身并不能使你变得高效、高产、思维敏捷。你能将6个小时的工作量压缩到45分钟内完成，或者在早上8～11点这段时间里活力四射，绝不是美式咖啡的功劳。

　　真正的事实是，在大脑中，咖啡因完美地模拟了一种生物化学物质——腺苷酸。白天，当神经元被激活时，便会产生腺苷酸。并且，腺苷酸产生的量越多，神经系统运行的速度越慢。

　　我们的神经系统通过受体来监控腺苷酸，尤其是大脑和身体中都可找到的A1受体。当化学物质通过受体时，腺苷酸的量就会上升，直到你睡觉的时候，神经系统才能把它消耗完。

咖啡因最大的特点是能够模仿腺苷酸的形状和大小，而且更重要的是，当它们通过受体时，不会使其激活。之后，受体就被咖啡因有效地阻隔了（用医学术语来说就是，咖啡因是 A1 腺苷酸受体的反协同试剂）。

这点之所以重要，不仅仅是因为咖啡因通过阻碍受体，扰乱了神经系统对腺苷酸量的监控，更因为干扰出现时，出现化学物质的反应。当腺苷酸量保持在一定水平时，类似于多巴胺、葡萄糖之类神经递质，能够更加自由地刺激大脑。

换句话说，不是咖啡因使大脑兴奋，而是，它把大门堵住了，同时，其他真正能够刺激大脑的物质就为所欲为了。

每一个热爱咖啡的人都有这样的体会：它的效果会随着时间逐渐消退。在那之后，人们需要越来越多的咖啡因才能达到之前的兴奋状态。这就是大家所说的"耐药性"。

每天清晨，我们之所以要喝上一杯咖啡或浓茶是因为，咖啡因能够使我们在熬夜之后，依然没有困意。

但是，人们在大口大口啜饮着咖啡的时候，往往没有意识到，自己错过了多么宝贵的睡眠时间。然而，他们很快就会受到神经系统的"抗议"。

当然，咖啡的提神效果会受到很多情况的影响，比如身体状况、体重和年龄。某些人可能只需喝上一杯咖啡，另一些人也许要喝上两三杯，才能保证一天精力充沛。并且，无论饮用什么类型的咖啡，耐药性都是一个关键变量。

　　所以如果你决定改掉这个习惯，你的不适应期会有多长时间
呢？这主要得看你平常饮用的咖啡量。对于那些每天都要喝上两杯
或是三杯咖啡的人，要做好心理准备，你们在戒掉咖啡的 10 多天内
可能都要饱受头疼、疲乏的折磨。

　　　　　　　　　　　　　　　发表在Forbes.com，2012年7月26日

注 释

◎ 序

1. 我在序中讲述的故事是真实的，其原型是我的一个朋友，为了保护他的隐私，我采用了化名。在这里，我向我的朋友表示衷心的感谢，谢谢他如此慷慨地与我们分享他的故事。

■ 第一部分　知

◎ 绪论　大脑改造：开启思维逆转之旅

1. Marc Lewis, *Memoirs of an Addicted Brain* (New York: PublicAffairs, 2012), 66.

2. David DiSalvo, *What Makes Your Brain Happy and Why You Should Do the Opposite* (Amherst: Prometheus Books, 2011), 17.

◎ 第 1 章　元认知：冷静的观察者

1. Robert J. Marzano, *Dimensions of Thinking: a Framework for Curriculum and Instruction* (Washington, DC: National Education Association, 1988), 278.

2. 同上。

3. 我对托马斯·戈茨 2011 年发表在《连线》杂志上的《驾驭反馈回路》十分推崇。因为它完美地解释了反馈回路如何通过一系列的法则得以运行，并采用恰当的词汇定义了一个反馈回路所包含的元素（事实、联系、结果、行动）。如果你想详细地阅读这篇文章，可以查阅以下网址 http://www.wired.com/magazine/2011/06/ff_feedbackloop/。

4. Stephen M. Fleming and Raymond J. Dolan, "The Neural Basis of Metacognitive Ability," *Philosophical Transactions of the Royal Society B: Biological Sciences* 367 (2012): 1338–1349.

5. 同上。

6. Robert Kurzban, *Why Everyone Else Is a Hypocrite: Evolution and the Modular Mind*(Princeton: Princeton University Press, 2011), 35–37.

7. 在《大脑使用手册》（纽约：潘塞恩图书出版公司，2001）中，心理学家约翰·瑞提描述了"大脑的四个剧场"，为我使用"心理剧场"这个词语奠定了基础。尽管瑞提和我在不同的背景之下使用了类似的术语，但是瑞提首先提出了这个关于大脑的比喻，值得赞誉。

8. 在书《象与骑象人：幸福的假设》(纽约：基本图书出版社，2006）中，乔纳森·海特举了一些"道德两难"的例子。尤其是，他举了一对发生了性关系的兄妹的例子，听到这件事的时候，大部分人都会觉得很恶心。但是，就这件事本身来说，除了对当事人有影响外，对他人不会有任何影响。所以很难解释为什么这个例子会引起那么大的道德愤怒。海德特认为，我们感受到了愤怒，却不能解释这种愤怒产生的原因。

9. Leonard Mlodinow, *Subliminal: How Your Unconscious Mind Rules Your Behavior* (New York: Pantheon, 2012), 17.

10. Timothy Wilson, *Strangers to Ourselves: Discovering the Adaptive Unconscious* (Cambridge: The Belknap Press of Harvard University Press, 2002), 24–27.

11. 同上。

12. Fleming and Dolan (2012).

13. James M. Haynie, "Cognitive Adaptability: The Role of Metacognition and Feedback in Entrepreneurial Decision Policies" (doctoral thesis, University of Colorado at Boulder, 2005), 237–265.

14. 同上。

◎ 第 2 章　心理化：最初的心智游戏

1. Michael Gazzaniga, *Human: The Science Behind What Makes Us Unique* (New York:Ecco,2008), 49.

2. Pierce J. Howard, *The Owner's Manual for the Brain,* Third Edition (Austin: Bard Press, 2006),47.

3. Daniel J. Siegel, *The Developing Mind: How Relationships and the Brain Interact to Shape Who We Are*, Second Edition (New York: Guilford, 2012), 3.

4. Leonard Mlodinow, *Subliminal: How Your Unconscious Mind Rules Your Behavior* (New York: Pantheon, 2012), 87–88.

5. 同上。

6. 在书《自尊》中，作者马修·麦凯和帕特里克·范宁详细地描述了心声的多种形式，以及它们是如何影响我们的行为。如果你对这点想要做更加深入地了解，请参考《自尊》。

7. Janet Metcalfe and Lisa K. Son, "Anoetic, Noetic and Autonoetic Metacognition," in *Foundations of Metacognition*, ed. Michael J. Beran, Johannes L. Brandl, Josef Perner, and Joëlle Proust (New York: Oxford University Press, 2012), 289–301.

8. 在书《专注的快乐》第九章中，作者米哈里·契克森米哈顿引入了"自带目的性人格"，指的是为活动本身去参加活动的人，他们把活动体验当作主要目的。尽管这个概念与我所说的"自律型人格"有着很大的不同，但是这种人格的确值得人们仔细思索，它是自我察觉最高水平的体现，具有这种人格的人，完成目标不仅仅为了达成它们，也为了获得最大程度的完成体验。

◎ 第 3 章　实用主义的适应：改变思维，改变生活

1. 如果想要深入地了解人类基本的情绪反应，我推荐你去阅读神经学

家安东尼奥·达马西奥的作品，尤其是《心智中的自我：构建有意识的大脑》(纽约：精品出版社，2012)。

2. 关于"文化进化"的详细讨论请见斯坦福哲学百科全书：http://plato. stanford.edu/entries/evolution-cultural/。

3. 核糖核酸纳米技术的信息来源于我在 2012 期间，为一本机密的白皮书而对圣地亚哥医学院的研究人员进行的采访。

4. Norman Doidge, *The Brain That Changes Itself: Stories of Personal Triumph from the Frontiers of Brain Science* (New York: Penguin Books, 2007), 150.

5. Moheb Costandi, "Researchers Watch Brain Rewire Itself After Stroke," *Neurophilosophy* (blog), July 2, 2008, http://neurophilosophy. wordpress.com/2008/07/02/researchers_watch_brain_rewire/.

6. Christopher J. Boyce, Alex M. Wood, and Nattavudh Powdthavee, "Is Personality Fixed? Personality Changes as Much as 'Variable' Economic Factors and More Strongly Predicts Changes in Life Satisfaction," pre-publication paper accepted for publication in *Social Indicators Research* (2011), 3.

7. 同上。

8. 同上。

9. Daniel Nettle, *Personality: What Makes You the Way You Are* (New York: Oxford University Press, 2007), 9, 10, 29.

10. 同上。

11. Boyce, Wood, and Powdthavee, (2011): 33.

12. Walter Bradford Cannon, *The Wisdom of the Body* (New York: W. W. Norton & Company, 1932), 9.

13. 参考第三部分扩展定义中的"自稳态"。

14. 如果想要更多地了解"思维错误"，请参考大卫·伯恩斯的书《感觉很好：新情绪疗法》(纽约：哈珀永久出版社，2008)，32-43。

15. Jeffrey M. Schwartz, MD and Rebecca Gladding, MD, *You Are Not Your Brain: The 4-Step Solution for Changing Bad Habits, Ending Unhealthy Thinking, and Taking Control of Your Life* (New York: Avery Trade, 2012), 201–202.

16. Gillian Butler and Tony Hope, *Managing Your Mind: The Mental Fitness Guide* (New York: Oxford University Press, 2007), 68–70.

◎ 第4章　寻迹叙述性线索：剧本化和突显的力量

1. Daniel Dennett, "The Self as a Center of Narrative Gravity," in *Self and Consciousness: Multiple Perspectives*, ed. Frank S. Kessel, Pamela M. Cole, Dale L. Johnson, and Milton D. Hakel (New York: Psychology Press, 1992), 103–15.

2. 术语"自然的"和"适应风格"常常被用于人格评估工具中，尤其是作为人类行为语言指标。

3. 想要了解"突显"的相关心理学定义，请查阅杜伦大学图书馆读者指南：DOI：10.1111/b.9780631202899.1996.x.

4. 想要知道关于自我叙述和叙述疗法的讨论，我推荐蒂莫西·威尔逊的书《重新调整：关于改变心理状态的惊人新科学》，（纽约：利特尔&布朗出版社，2011）。

◎ 第5章：精神世界：循环相连

1. 阿尔贝·加缪关于智者的著名论断早出现在《笔记本》（1935～1942）中，1962年出版，1998年由马洛公司再次出版发行。

■ 第二部分　做

1. Ron and Marty-Hale Evans, *Mindhacker: 60 Tips, Tricks, and Games to*

Take Your Mind to the Next Level (New York: Wiley, 2011), 340–350.

2. Charles Duhigg, *The Power of Habit: Why We Do What We Do in Life and Business* (New York: Random House, 2012), 60–63.

3. Pierre J. Magistretti, Luc Pellerin, and Jean-Luc Martin, " Brain Energy Metabolism: An Integrated Cellular Perspective," *Psychopharmacology: The Fourth Generation of Progress* (Brentwood: American College of Neuropsychopharmacology, 1995), 657–670.

4. Shlomo Breznitz and Collins Hemingway, *Maximum Brainpower: Challenging the Brain for Health and Wisdom* (New York: Ballantine Books, 2012), 157–166.

5. 详细内容见科学生活网站：http://www.livescience.com/5406-chewing-gum-touted-diet-strategy.html.

6. A. Scholey, C. Haskell, B. Robertson, D. Kennedy, A. Milne, and M. Wetherell " Chewing gum alleviates negative mood and reduces cortisol during acute laboratory psychological stress, " *Physiological Behavior* 97 (2009): 304–312.

7. K. Kamiya, M. Fumoto, H. Kikuchi, T. Sekiyama, Y. Mohri-Lkuzawa, M. Umino, and H. Arita, " Prolonged gum chewing evokes activation of the ventral part of prefrontal cortex and suppression of nociceptive responses: involvement of the serotonergic system, " *Journal of Medical and Dental Sciences* 57 (2010): 35–43.

8. Chris Berdik, *Mind Over Mind: The Surprising Power of Expectations* (Current Hardcover, 2012), 66–68.

9. 同上。

10. 想要具体地了解心理学家大卫·沃特森和李·安娜·克拉克所做的实验，请参考《你的创造性大脑》，作者谢利·卡森（哈佛健康通讯/乔西-巴斯出版社），208-210。

11. Carson, *Your Creative Brain*, 209.

12. Dan Ariely, *The (Honest) Truth About Dishonesty* (New York: HarperCollins, 2012), 245.

13. Daniel J. Siegel, *The Developing Mind: How Relationships and the Brain Interact to Shape Who We Are*, Second Edition (New York: Guilford, 2012), 40–45.

14. Andrew Newberg and Mark Robert Waldman, *Words Can Change Your Brain: 12 Conversation Strategies to Build Trust, Resolve Conflict, and Increase Intimacy* (New York: Hudson Street Press, 2012), 128–136.

15. 如果想要更多地了解脑电波生物反馈，可以参考由吉姆·罗宾斯修订并扩展的《脑部交响曲：新脑波生物反馈的进化》（纽约：格罗夫出版社，2008）。

16. Matthew A. Sanders et al., "The Gargle Effect: Rinsing the Mouth with Glucose Enhances Self-Control," *Psychological Science* 23 (2012): 1470–72.

17. Carson, *Your Creative Brain*, 171–173.

18. Daniel Amen, *Change Your Brain, Change Your Life* (New York: Three Rivers Press, 1998), 150–171.

19. 如何睡个好觉的小贴士，节选自我为《福布斯》在线杂志撰写的文　章：http://www.forbes.com/sites/daviddisalvo/2012/10/11/10-reasons-why-you-cant-sleep-and-how-to-fixthem/.

20. Gillian Butler and Tony Hope, *Managing Your Mind: The Mental Fitness Guide* (New York: Oxford University Press, 2007), 129–133.

21. Mark Hyman, *The UltraMind Solution: The Simple Way to Defeat Depression, Overcome Anxiety, and Sharpen Your Mind* (New York: Scribner, 2010), 265–266.

22. 详细内容见《福布斯》在线杂志：http://www.forbes.com/sites/daviddisalvo/2012/08/07/the-10-reasons-why-we-fail/.

23. 想要获得更多信息，请查阅狄格大学卫生中心发布的报告：http://

today.uconn.edu/blog/2013/04/alcohol-research-center-battles-addiction-with-science/.

24. 详细内容见《福布斯》在线杂志：http://www.forbes.com/sites/daviddisalvo/ 2012/08/28/10-reasons-why-some-people-love-what-they-do/.

25. 在第 22 个工具中所举的例子出自我先前出版的书《疯狂行为学：来自猩猩的你，为什么总会失去理智》(纽约：普罗米修斯出版社，2011), 158-160 页，以及保罗·蒂博多和乐拉·伯罗迪斯基的书《我们认为的比喻：比喻在推理中的作用》，公共科学图书馆。

26. Daniel Pink, *A Whole New Brain: Why Right-Brainers Will Rule the Future* (New York: Riverhead Books, 2005), 139, 152.

27. Koenraad Cuypers et al., " Patterns of receptive and creative cultural activities and their association with perceived health, anxiety, depression and satisfaction with life among adults: the HUNT study, Norway," *Journal of Epidemiology and Community Health* 133 (May 2011): 66–71.

28. Helen J. Huang, Rodger Kram, and Alaa Ahmed, " Reduction of Metabolic Cost during Motor Learning of Arm Reaching Dynamics, " *The Journal of Neuroscience* 32 (2012): 2182–90.

29. 节选自我为《福布斯》在线杂志撰写的一篇文章：http://www.forbes.com/sites/daviddisalvo/2012/06/21/the-five-hallmarks-of-respected-achievers/.

30. 摘自科罗拉多大学心理系的报告，具体内容见 http://www.colorado.edu/news/releases/2012/02/09/perform-less-effort-practice-beyond-perfection-says-new-cu-study.

31. 节选自我发表在今日心理在线的一篇文章，全文见 http://www.psychologytoday.com/blog/neuronarrative/201009/why-running-is-incredible-medicine-your-brain.

32. Daniel J. Siegel, *Mindsight: The New Science of Personal Transformation* (New York: Bantam Books, 2010), 9–13, 38.

33. V. S. Ramachandran, *The Tell-Tale Brain: A Neuroscientist's Quest for What Makes Us Human* (New York: W. W. Norton & Company, 2012), 250–255.

34. Howard Gardner, *Five Minds for the Future* (Boston: Harvard Business Review Press, 2009), 1–10.

35. Edward de Bono, *Six Thinking Hats* (New York: Back Bay Books, 1999),1–26.

36. Aaron T. Beck, Arthur Freeman, and Denise D. Davis, *Cognitive Therapy of Personality Disorders* (New York: The Guilford Press, 2004), 30.

37. Nicholas Humphrey, *Soul Dust: The Magic of Consciousness* (Princeton: Princeton University Press, 2012), 49.

◎ 附录

1. 这篇文章最早发表在 2012 年 2 月 7 日的今日心理在线上，全文见 http://www.psychologytoday.com/blog/neuronarrative/201202/what-is-science-help.

2. 这篇论文最早刊登在 2011 年 8 月 21 日《福布斯》电子杂志上，全文见 http://www.forbes.com/sites/daviddisalvo/2011/08/21/why-we-need-pragmatic-science-and-why-the-alternatives-are-deadends/.

3. 这篇论文最早刊登在 2011 年 8 月 8 日《福布斯》电子杂志上，全文见 http://www.forbes.com/sites/daviddisalvo/2011/08/08/why-scientists-and-journalists-dont-always-play-well-together/.

4. 节选自大卫·迪绍夫的《厨房中的大脑》。